飞秒

赵新宇 著

激光共振吸收微纳制造机理
与实验研究

湖南科学技术出版社

图书在版编目（ＣＩＰ）数据

飞秒激光共振吸收微纳制造机理与实验研究 / 赵新宇
著. — 长沙 ：湖南科学技术出版社，2022.1
ISBN 978-7-5710-1019-5

Ⅰ．①飞… Ⅱ．①赵… Ⅲ．①微电子技术－纳米技术－
应用－飞秒激光－激光加工－研究 Ⅳ．①TG665

中国版本图书馆 CIP 数据核字(2021)第 120473 号

FEIMIAO JIGUANG GONGZHEN XISHOU WEINAZHIZAO JILI YU SHIYAN YANJIU
飞秒激光共振吸收微纳制造机理与实验研究

著　　者：赵新宇
出 版 人：潘晓山
责任编辑：王　斌
出版发行：湖南科学技术出版社
社　　址：长沙市湘雅路 276 号
　　　　　http://www.hnstp.com
湖南科学技术出版社天猫旗舰店网址：
　　　　　http://hnkjcbs.tmall.com
印　　刷：湖南省众鑫印务有限公司
　　　　　（印装质量问题请直接与本厂联系）
厂　　址：长沙县榔梨街道梨江大道 20 号
邮　　编：410129
版　　次：2022 年 1 月第 1 版
印　　次：2022 年 1 月第 1 次印刷
开　　本：710mm×1000mm　1/16
印　　张：10.5
字　　数：150 千字
书　　号：ISBN 978-7-5710-1019-5
定　　价：98.00 元

前 言

　　飞秒激光微纳制造作为一种新兴的高精密加工技术已经成为当前微小尺寸高精度制造的研究热点，应用于越来越多的工程领域。但是人们仍不十分清楚飞秒激光与材料相互作用的机理，这制约了飞秒激光的应用。一些理论和模型虽已被提出，但往往都只限于特定的对象和条件，且一直受到学术界的争论。此外量子效应随着加工的时间尺度和空间尺度的进一步减小而越来越凸显，传统经典理论已经不能再很好地进行分析和解释。

　　当前飞秒激光微纳制造虽可实现几十纳米的超分辨、超精细制造，但是其加工效率在实际工程应用中一直不高，加工精度和加工效率也很难两全，这限制了其高精度优势，成为制约飞秒激光加工有效运用的一个瓶颈。

　　据此，本研究主要针对一种基于入射激光光子能量与被加工靶材电子跃迁能级差相等或相近时能够有效提高飞秒激光精密加工效率的共振吸收效应制造方法，进行了电子动力学仿真的机理研究和烧蚀效率实验研究，以阐明共振吸收制造的微观机理，同时探究该方法在实际工程应用中的影响因素和加工规律。在理论研究方面：采用当前学术界公认的、最有效的用含时密度泛函理论分析电离机制和规律的方法，基于量子模型从电子动力学角度研究飞秒激光共振吸收效应加工的机理和规律。针对 Na_4 团簇进行理论研究并进行仿真。在实验研究方面：由于介质烧蚀阈值高，加工难度大，又加之掺杂镧系金属离子的玻璃具有明显的吸收峰，故实验中选用既难于加工，又具有选择性吸收特性的镨钕玻璃和钬玻璃这两种透明材质展开共振吸收烧蚀加工的研究。

1 绪论。简述了微纳制造、激光微纳制造、飞秒微纳制造的发展历程。综述了飞秒激光共振吸收烧蚀技术的国内外研究现状及飞秒激光微纳制造亟须解决的问题。

2 飞秒激光与材料相互作用机理及共振吸收机制。依据镨钕玻璃中镧系元素镨、钕的独特电子层结构，分析了其跃迁能级和吸收光谱的特性，并发现其在共振波长 585nm 和 807nm 处具有极强的吸收能力。同时分析了钬玻璃中镧系钬元素的电子层结构、跃迁能级和吸收光谱的特性，发现其在 445nm 波长处也具有极强的共振吸收能力。然后分析了飞秒激光共振烧蚀镨钕玻璃和钬玻璃中束缚电子的电离机制及共振吸收烧蚀去除靶材的物理过程和机理。

3 飞秒激光共振吸收效应作用下材料的电子动力学研究。从理论上研究了强飞秒激光照射下的 Na$_4$ 团簇的光致激发和光致电离。应用含时密度泛函理论来描述线性和非线性电子－光子相互作用过程中的电子动力学（包括偶极响应、电子发射、能量吸收和瞬态电子密度分布等），计算出的光吸收光谱与实验结果有良好的对应关系。讨论了脉冲序列对电子动力学的影响。另外，提出了在不同的激光条件下产生不同带电离子状态的实验关联概率的时间演化。

用实时实空间含时密度泛函理论描述 Na$_4$ 团簇在共振飞秒激光脉冲序列光电离中的非线性电子－光子相互作用，并且讨论了主要脉冲序列参数对共振吸收的影响。计算表明，通过超快激光脉冲序列整形，可以控制共振效应和能量吸收、电子发射、偶极响应和电离概率等电子动态。

4 飞秒激光共振吸收高效率加工掺杂玻璃的实验研究。以掺杂稀土镧系元素的镨钕玻璃和钬玻璃为实验选材，展开了共振效应的实验研究。①在飞秒激光聚焦打孔镨钕玻璃和钬玻璃实验中发现：共振烧蚀可以明显降低材料的烧蚀阈值,提高烧蚀效率。②飞秒激光步进式打孔镨钕玻璃实验结果表明:共振烧蚀效率受入射激光光强的影响很大。当光强较弱时,多光子电离占主导,共振烧蚀效率显著;当光强较强时,隧道电离占主导,共振烧蚀效率基本消失。③在 1kHz 飞秒激光倾斜刻蚀镨钕玻璃实验中发现:在烧蚀阈值附近,初始种子电子主要由多光子电离产生;镨钕玻璃在共振波长激光的烧蚀下,多光子共振电离剧烈,烧蚀阈值较石英玻璃大大降低;而对于非共振波长,两种材料的烧蚀阈值没有区别。80MHz 飞秒激光倾斜刻蚀镨钕玻璃实验表明:对比石英玻璃,当入射激光能量密度较小时,只有共振波长能实现镨钕玻璃的烧蚀去除;共振波长所对应的熔融烧蚀阈值较非共振波长降低,较 1kHz 冷加工的烧蚀阈值降低了两个数量级。实验证明靠热效应为主进行熔融烧蚀的高重频飞秒激光作用下,共振吸收效应不明显。

5 总结与展望。该部分提出了对飞秒激光烧蚀加工介质材料的加工过程进行动态研究、对飞秒激光烧蚀加工介质材料的加工过程进行动态研究、其他更多类介质材料的共振吸收效应、等离子体共振吸收及其对加工效率的影响、双波长 / 多波长飞秒激光加工的后续研究的思路。

本研究需要特别感谢高性能复杂制造国家重点实验室主任、长江学者奖励计划特聘教授、我的博士生导师、中南大学段吉安教授的悉心指导。王聪副教授、孙小燕教授、胡友旺教授、郑煜副教授对我的具体指导;严宏志教授、刘德福教授给我提出了宝贵意见;王金萍、蔡齐、杨景华等老师为我提供了许多帮助;刘曼玉老师及测试实验室老师为我使用测试设备提供了许多便利;湖南大学国家杰出青年潘安练教授、庄秀娟教授、刘红军副教授给了我实验场地和设备的支援;湖南师范大学杨文军硕士为我的实验材料做了测试;同一课题组的罗志博士和我一道做了相关研究,并对我进行了理论和实验的具体指教;王华、银恺、房巨强、张帆、褚东凯博士对我的问题不厌其烦地进行解答;董欣然博士对我开展实验提供了具体的指导;徐聪、卢胜强博士和舒斌博士、曾凯、余金龙硕士为我配置并维护运动平台做了大量工作；梁昶、谢政、周芳、易念恩博士和宋雨欣、岳铭浩、周舰航、都海锋、丁铠文、郑建粉、陈国炜、田亚湘硕士等给了我大量的支持；肖权硕士、赵智慧、李永振、柳锶远、周彩媚、金明珠学士亦给了我大力帮助。在此对上述人员一并表示衷心的感谢。

同时感谢湖南工商大学对该专著出版的资助与支持！感谢湖南科学技术出版社李丹在该著作出版过程中所付出的辛劳！

由于本人水平有限，研究还待继续深入，书中也难免存在问题，敬请读者批评指正。

2021 年 8 月 8 日

目 录

目 录

1 绪 论

1.1 课题的来源

课题"飞秒激光共振吸收高效率制造新方法的机理及实验研究"来源于中国国家重点基础研究发展计划项目（973 项目）《激光微纳制造新方法和尺度极限基础研究》中课题三《基于共振吸收的高效率高精度激光微纳跨尺度制造》（批准号：2011CB013003）。同时还得到了国家自然科学基金（NSFC）《纳米尺度电子动态调控的超快激光微纳米加工新方法》（批准号：91323301）的支持。

超快飞秒激光的脉冲作用时间超短，使其峰值功率等参数在制造过程中能够趋于极端。同时，制造的要求也越来越极端化。于是对超快激光微纳制造就不断地提出了新的挑战，其中的瓶颈挑战之一是难以同时兼顾加工精度和效率。于是探究飞秒激光微纳制造效率问题既具有理论价值，又具有工程意义。

理论和实验已经证明：当激光光子的能量（或多光子效应下的等效光子能量）与被加工材料的电子跃迁能级差相近甚至相同时会发生共振吸收，此时材料对激光的吸收效率会比非共振时高出数十倍到数百倍。透明材料都有一定的吸收谱，与吸收峰对应的是原子的能级激发跃迁。通过选择激光光子能量或改变材料的吸收谱，使两者相近或相同时就会发生共振吸收现象，此时能极大地提高飞秒激光微纳制造的效率。

基于此，本书基于量子模型，从电子动力学角度开展了超快飞秒激光共振吸收效应下微纳制造的理论及实验研究。

1.2 微纳制造的发展

1.2.1 微纳加工

早在 20 世纪 50 年代末诺贝尔物理学奖获得者理查德·费曼（Richard Feynman）就曾预言制造技术将沿着从大到小的路径发展。后来随着制造业的飞速发展，电子芯片、大规模集成光电系统、表面质量要求极高的液晶面板等制造对器件的加工精度要求越来越高，加工尺度也越来越小，然而传统机床的加工精度和加工尺度已远远不能满足各个领域飞速发展的要求。人们提出并开始研究高精度、小尺寸加工技术，并将其应用到实际工程当中。加工尺度经历了从最初的毫米级，到微米级（千分之一毫米）、纳米级（千分之一微米），直至今天的微纳制造。

集成芯片电路的飞速发展证实了费曼的预言，今天的技术正向着"越来越小"的微型化、微纳方向发展。微纳技术从一开始的单纯理论性质的基础研究衍生出很多细分领域。近年来，迅速崛起的微纳技术在军事、机械、生物、化学、医学、光电子、材料、信息、环境、检测、控制等领域都得到了广泛应用，并都表现出了广阔的前景。

微纳技术的核心是微纳加工，一般指在微米、纳米级（1 ~ 100 nm）的空间尺度上对材料进行测量、控制、加工、制造等。

精密微纳加工研究是现代科学技术的重要内容，许多前沿科学的进步和高新技术的突破都来源于微结构加工精度的提高，比如具有更高运算速度和更强功能的大规模集成电路都需要向更微细化的方向发展。微结构在基础科学研究中也占有很重要的地位，例如纳米科技等。微纳加工研究触及到了微电子学器件、化学和生物研究领域的全微分析系统、微型反应器、微机电系统（MEMS）、微型光学器件等多领域。其中在微米尺度范围内，现已经涌现出许多成熟的微加工技术，并在工业技术等领域得到了广泛的应用。如模压加工、注射成型、电气化学微加工（EMM）、超声波加工、光刻技术，其中光刻技术占据最主要地位。

我国的微纳制造技术与世界发达国家相比尚存在一定的差距。表现在微纳制造加工成熟度还不高，应用到工业的纳米制造还不够。其主要原因有三个：①微纳技术的核心技术主要来源于国外，而我国工业技术基础薄弱，仍没有完整地掌握核心技术。2018 年上半年发生的美国限制向我国中兴公司出口芯片就是有力的证据。②我国的科研体系更倾向于能够马上产生市场经济效益的工程研究，而对于投资大但近期又看不到效益的基础研究重视度和支持度不够。③微纳制造技术不仅取决于加工工艺和方法，还受到制造装备、高精密检测仪器及高精度检测技术等重要因素的限制。

1.2.2 激光微纳加工

激光（Laser）取自"Light Amplification by Stimulated Emission of Radiation"，即受激辐射的光放大。其特性是高相干性、高单色性、高亮度、高方向性、高能量密度。20 世纪 60 年代美国科学家希尔多·梅曼（Theodore H. Maiman）发明了第一台红宝石激光器，被称为"最亮的光""最快的刀""最准的尺"。"奇异的激光"科技从此得到迅猛发展，并与众多学科结合而形成众多应用技术，比如光电技术、激光制造技术、激光医疗、光子生物学、激光化学、激光同位素分离、激光检测与计量、激光全息技术、量子光学、激光雷达、激光制导、激光武器、激光可控核聚变等。

激光具有极高的方向性、相干性、单色性和偏振性等性质，拥有高精度、无接触、无污染等特点，在空间、时间和能量方面具有很宽的选择范围，并且可以进行精确的调控。激光即便在偏离平衡态较远的条件下，也可以选择性地、非接触地、多尺度调控或改变靶材的性质和物态，且通过聚焦可以在靶材表面或透明材料体内形成极端的高能场。在材料加工领域具有加工精度高、操作简单、加工速度快等优势，激光的出现为人们提供了新的思路，所以很快被广泛应用在加工工业中，并使激光成为 20 世纪最具革命性的科技成果之一。

激光分为连续激光和脉冲激光两类。连续激光在时间上连续输出，而脉冲激光的输出是不连续的。前者经过稳频后可以得到很窄的线宽，能用于激光测距和精细光谱分析。后者则常用于测量超快的物理过程。由于两者峰值功率相差甚远，比较好的半导体连续激光器才能达到百瓦量级功率，而脉冲激光现在可以达到太瓦的量级。脉冲激光的脉宽越短，热作用效应越小，加工的精度越高，故精细加工中多用脉冲激光。

激光微纳加工现已发展成为一种理想的、先进的微纳加工方法，而激光成为一种理想的微纳加工工具。激光微纳加工技术属于前沿的多交叉学科，涉及物理、化学、机械、光学、材料、信息、制造等多学科多领域，在国防、电子、光学、材料、生物、环境、医疗器件、微电子机械系统等技术和产业领域有着广阔的应用前景。激光微纳制造可以用于制造微/纳尺度的机电系统、光电器件、能源器件、传感器、光纤通信系统、执行器、流体系统、生物医疗、诊断仪器、未来单兵系统、纳米卫星、芯片实验室等。此领域在美国、日本等国家已经受到广泛的关注和重视。近年，我国政府、高校和研究所也高度重视超快激光微纳加工技术，并在基础理论研究和工业应用技术方面取得了十足进展。

激光微纳制造技术向亚微米甚至纳米量级加工尺度和加工精度延伸的快速发展，实现了真正意义上的三维立体微纳加工。但是由于多学科多领域交叉的复杂性和加工要求的极端性，激光加工过程的分析和观测仍存在诸多问题。为了在更多的工业领域更好地应用这种具有独特优势的加工方法，全面掌握其加工机理与规律就显得极为重要了。

入射激光通过和靶材的相互作用，改变受辐照靶材的物态和性质，进而实现微纳尺度与跨尺度的控性和控形，从而实现微纳加工。因为静电剥离、库仑爆炸等激光非热相变，电子–电子间、电子–声子间、声子–晶格间等的非平衡、多光子等的非线性吸收等特点，所以在作用时间尺度、空间尺度、功率密度等方面都可趋于极限。激光微纳加工的尺度也在不断地突破极限，取得了优异的加工效果。其优势主要体现在特殊精度制造、特种材料加工、特殊形状加工、跨尺度制造等具有极端要求的制造领域。例如航空发动机叶片所需加工的气膜孔具有沿叶脊方向排列，孔深一般超过 6 mm、孔径 500 μm 左右，孔的轴线与叶片表面一般不垂直等特性，采用传统的加工方法和手段一般很难达到加工要求和质量，而具有非接触性加工和可加工任何材料等优势与特性的激光微纳加工将成为未来叶片打孔不可或缺的加工手段。

1.2.3 飞秒激光微纳加工

自20世纪60年代激光诞生以来，人们不断尝试提升激光的性能，其中最主要的工作就是研究如何缩短激光的脉冲宽度以提高峰值功率。1981年，人们首次在染料激光器中实现了飞秒（Femtosecond，fs）（10^{-15}s）量级的激光脉冲输出。1991年，掺钛蓝宝石飞秒激光器诞生，其运行稳定性大大增强，峰值功率提高到了太瓦（10^{12}W）以上，开辟了飞秒激光在强场物理等基础学科的新应用，而且应用到新一代辐射光源、激光受控核聚变快速点火等大科学工程，以及微纳加工等新技术领域。但是其使用成本和维护管理成本昂贵，另外，其热效应大大限制了它的平均功率（尽管峰值功率很高）。21世纪初具有微结构特征的光子晶体光纤飞秒激光器诞生，它的平均功率可以高出钛宝石和传统光纤飞秒激光1～2个数量级。它的出现才将飞秒激光应用推向了一个新阶段。飞秒激光（Femtosecond Laser）是一种利用锁模技术获得飞秒量级脉宽的，是人类在实验室条件下首次获得的极短脉冲形式的激光。作为典型的超短脉冲激光，又由于其具有许多新奇的特性，它的出现迅速引起了人们极大的兴趣，并在多个领域广泛受到了人们关注。人们对其原理和应用的研究从未间断。飞秒激光精密微纳加工已成为当今科学研究的热点。

飞秒激光使人类可以在原子和电子的层面上观察到物质的超快运动，帮助人们认识了基础科学和应用科学的许多过程，使其在物理、化学领域的超快过程研究中获得重大应用，为认识世界、改造世界提供了新的手段，开辟了飞秒激光新时代。与传统长脉冲和连续脉冲激光相比，飞秒激光具有以下特点：

1）脉冲持续时间极短（几飞秒至上百飞秒），远小于材料内部受激电子的弛豫时间。近些年飞秒激光脉冲宽度越来越窄，已经突破了飞秒的数量级达到了阿秒（10^{-18}秒）脉冲，可以获得极高的时间分辨率，这样从根本上抑制热扩散，忽略热影响，实现相对意义上的"冷加工"，从而大大提高加工精度。

2）由于脉冲宽度极窄，脉冲峰值功率极高，可达百万亿瓦，现在最高达到拍瓦数量级（10^{15}W），极短的脉宽产生的超高光强已经远远超过原子核对其价电子的库仑力，在其作用下任何物质都会瞬间变成等离子体，所以它几乎可使所有材料完全电离。同样由于脉冲宽度极窄，脉冲峰值功率极高的缘故，在晶格热传导还来不及发生时，飞秒激光已经在微纳尺度内完成了物质去除和物质改性的过程。

3）从常规飞秒激光振荡器输出的激光经聚焦后可在焦点处得到$10^{11} \sim 10^{12}$ W/cm^{2}量级的功率密度，而从飞秒激光放大器中得到的聚焦峰值功率则可以达到10^{20} W/cm^2，甚至可达到10^{21} W/cm^2，相应的电场远远强于原子内库仑场，如此高的功率密度足以使飞秒激光脉冲在与物质的相互作用过程中呈现各种强烈的非线性光学效应来实现微纳加工。多光子非线性效应在增强了空间分辨的同时还突破了衍射极限。图 1-1 为飞秒激光微纳加工突破衍射极限示意图，从图中可以看出：飞秒激光作用下可得到的最小烧蚀直径是中心波长的 1/10 甚至更小。因此，可突破其衍射极限，实现高精度、高分辨率、小尺寸的微纳加工。

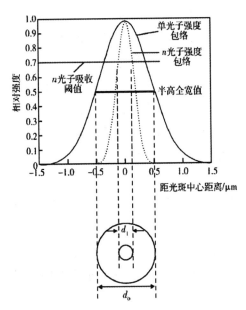

图 1-1 飞秒激光微纳加工突破衍射极限示意图

正因为上述特点，飞秒激光自一诞生就有科学家预言它将是所有激光中应用最广的一种激光，因为它可以做其他激光不能做的事，可以比其他激光能做的事做得更好。

飞秒激光作为超短脉冲激光，相比传统的长脉冲激光在加工材料时具有独特的优势：

1）由于飞秒激光突破光学微加工中的衍射极限，可以大大提高加工精度，实现亚微米、纳米量级精度的加工，并且能够实现真正意义上的三维立体加工，还可以在透明材料内部直接聚焦加工出三维微结构。

2）由于飞秒激光脉宽窄，与材料相互作用时间短，热效应小，且其脉冲能量又主要沉积在光子–电子作用过程中的薄层内，所以在脉宽时间作用范围内的热传和流体运动可以忽略，因此传统加工中的重铸层、微裂纹和热影响区等热效应问题可以大幅度得以减少。而传统的光刻技术受技术或设备局限，能量集中程度不够高，多产生较大的热影响区，易造成热损伤。图 1–2 和图 1–3 是分别运用飞秒、皮秒及纳秒脉冲激光在薄钢板表面打孔，图 1–2 中飞秒激光加工的微孔形状更为规整，没有图 1–3 中所示的热影响区、重铸层及表面碎屑。从加工形状上对比两图可以看出，飞秒激光在金属烧蚀微纳加工方面更具优越性。

3）加工对象范围广。经过聚焦之后的飞秒激光具有超高的光强，远高于大部分材料的破坏阈值，因而可加工材料不局限于光刻胶、金属材料等，几乎适用于所有材料。

图 1–2 飞秒脉冲激光烧蚀 100 μm 厚薄钢板，激光参数为：100 fs，120 μJ，$F_{th} = 0.5$ J/cm²

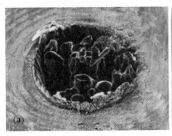

图 1–3　长脉宽激光烧蚀 100 μm 厚薄钢板，激光参数：（a）80 ps，120 μJ，

$F_{th} = 0.5$ J/cm^2；（b）3.3 ns，1 mJ，$F_{th} = 4.2$ J/cm^2

4）相比于长脉冲激光，由于飞秒脉冲激光避免了等离子体屏蔽效应，所以其加工效率得到显著提高。长脉冲激光加工时会出现常见的等离子体屏蔽效应，阻碍了材料对激光能量的进一步吸收，降低了激光的能量利用率和加工效率。尽管长脉冲激光作用在固体表面时将产生线性或非线性吸收，也将生成高密度、高温度等离子体团簇，从固体表面向外喷射产生烧蚀。但是因为飞秒激光脉冲很短，而激光等离子体向外侧膨胀的时间尺度约为皮秒量级，若使用 100 fs 以下的脉冲激光烧蚀，在等离子体膨胀之前，脉冲激光辐射就终止了，即飞秒激光脉冲在等离子体膨胀前，已全部作用到固体表面，待出现等离子体及其膨胀时脉冲的作用已经结束，所以不会出现等离子体屏蔽效应。

5）工艺简单且绿色环保。相比其他加工技术，该技术无需掩膜、无需制造模具，可对材料直接加工，工艺简单。同时，加工过程中产生废料极少，无污染，属于新型绿色环保的加工方法。

随着激光技术的发展，激光器件向着超短脉冲、超高强度、超短波长的方向迈进，这给激光材料加工带来了革命性的进步。近年来超短脉冲激光精密加工越来越受到人们的关注。这主要体现在超短脉冲激光加工可以得到高于长脉冲激光加工的精度，最高可以达到亚微米甚至纳米量级。超短脉冲激光除了可以进行材料表面的加工与改性，还能够实现对透明材料内部的加工与改性，适用于其他加工方法无法实现的高精度、复杂形状元器件的加工。另外超短脉冲激光几乎可以与任何材料相互作用，可用于激光加工的材料不受限制。对于超硬、易碎、高熔点、易爆等材料的加工，更具有其他方法无法匹敌的优势。

利用超短脉冲激光对材料显微纳加工、精密裁切以及微观改性的超短脉冲激光微细加工技术相对于传统的激光打标、激光焊接、激光切割等成熟技术来说，还属于新兴的市场。随着超短脉冲激光器件趋向更为成熟的工业应用，超短脉冲激光微纳加工技术将开拓更为广阔的应用领域，成为诸多行业不可或缺的利器，为"中国制造 2025"贡献力量。

飞秒激光作为超短脉冲激光从本质上改变了传统激光的加工方式，它独有的抑制热扩散、非线性多光子效应、突破衍射极限等特质，诱导性破坏阈值、透明材料体内改性以及纳米超分辨等特点，使其在微电子、微机械、光子器件及生物芯片、医学器件制造中成为重要、先进、无可替代的加工手段。可实现对任意材料由微纳到宏观尺度复杂三维空间的精密加工，在微纳和精密机械、微纳电子、微纳光学、表面工程、生物医学、太阳能电池、液晶显示等领域展示出了巨大的市场应用前景。人们利用飞秒激光直接进行微纳尺度的加工，如加工了波导、耦合器、光子带隙晶体、微型凹槽、纳微米牛、微型齿轮等各种微型器件。加工的材料涉及金属、玻璃、石英、陶瓷、半导体、绝缘体、塑料、聚合物、树脂等。

飞秒激光作为典型的超短脉冲激光，从 20 世纪 80 年代诞生起便受到学术界在多个领域的高度关注。从出现至今飞秒激光加工已得到了高速的发展，它改变了传统激光的加工理念，给光电子、生物医学、信息存储、信息传输等微/宏观加工制造领域带来了革命性的转变。飞秒激光加工理论和技术成为学术界研究的焦点和热点。

1.3 飞秒激光微纳加工的应用和研究现状

飞秒激光由于其脉冲持续时间远小于靶材内部受激电子的弛豫时间，故从根本上抑制了热扩散和热影响，"冷加工"大大地提高了加工的精度；同时由于极短的脉宽产生激光的超高能量密度，可诱导电介质材料产生多光子非线性吸收，在增强空间分辨的同时还可以突破衍射极限，实现微纳加工。飞秒激光以其"冷加工"、多光子非线性效应、突破衍射极限等特质可实现对任意材料由微纳到宏观尺度、从简单一维到复杂三维、从表面到体内、从减材到增材的精密加工。加工的对象可以是金属、透明介质、有机物等各种材质。它作为一种先进的精细加工技术，在微纳电子、微纳光学、光电子学、信息存储／传输、微纳精密机械、生物医学、表面工程等微／宏观加工领域带来了革命性的转变。飞秒激光加工不仅是当前学术界研究的焦点和热点，也是众多相关商业机构开发和应用的重点，展现了其巨大的市场应用前景。同时随着工业需求的扩大和技术的进步，飞秒激光加工将会开辟出更新、更广的应用领域，为物理、生物、化学等众多学科提供了重大的机遇，也提出了巨大的挑战。

1.3.1 烧蚀制孔和切割等去除加工

脉冲激光聚焦在固体材料的表面上，固体材料在脉冲激光束辐照的轰击下以原子、分子、离子或样品微粒等形式从材料的表面蒸发或溅射出来，从而达到刻蚀的目的。激光烧蚀样品的物理过程示意见图1-4。

利用其高光强可实现对任何材料加工，对脆性材料加工不产生裂纹，利用飞秒激光超短脉宽有效抑制热扩散、"冷加工"避免重凝的特点，可获得尖锐的加工边沿和陡壁。亦可实现对金刚石、碳化钨等超硬材料及生物组织软材料的精细加工。

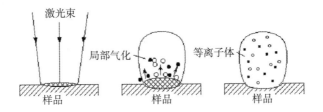

图1-4 激光烧蚀样品的物理过程示意图

因为传统飞秒激光重复频率低、平均输出功率小，而加工电介质材料时的多光子吸收有效截面直径又小于实际光斑值，另外加上库仑爆炸等因素，飞秒激光在刻蚀、制孔和切割等去除加工时的实际效率其实很低。据此学者们在对加工原理、方法、技术及工艺方面展开了大量的研究。

目前学术界比较公认的提高加工效率的有效方法是激光脉冲序列法及脉冲复合法。Xu C C 等分别以 2、3、4 个脉冲为一组,能量分配为 2∶1、3∶1∶1、4∶3∶2∶1,作用于熔融石英靶材。采用多种脉冲数,多种能量比的脉冲序列,显著地提高了熔融石英靶材的加工效率。因为首脉冲产生高电子密度辅助次脉冲引起了雪崩电离,经过非热相变、库仑爆炸、静电力蚀除,实现了电介质被刻蚀效率的提高。Qi Y 等以 5 个脉冲为一组,光强余弦分布,脉宽 100 fs,作用于金属铝材料,相比于单脉冲刻蚀显著地提高了加工效率。他们认为脉冲序列作用下靶材温度场分布向内部延伸导致金属材料刻蚀效率的提高。他们还提出利用首脉冲开启刻蚀、极短延迟下次脉冲与等离子体间相互作用、长延迟后尾脉冲与产生的液相作用形成强吸收的三脉冲整形刻蚀法进行脉冲序列法的优化。Wang C 用含时密度泛函理论结合量子力学研究电子密度,对飞秒脉冲序列方法进行理论研究,是目前关于脉冲序列与宽禁带电介质材料相互作用的最可行理论研究方法。

除了脉冲序列法和脉冲复合法之外,还有很多科学家从不同途径探索提高加工效率。Zhang Y 等采用飞秒激光旋切法对 2 mm 厚碳化钛陶瓷薄片制孔,发现随着激光重复频率的增加,加工深度增大,侧壁重凝层减少直至最后消失。人们也在广泛研究随着激光功率、脉冲重复频率、加工氛围的改变而导致飞秒激光所诱导的等离子体对材料的光束吸收及加工质量的影响。Qi Y 等研究了刻蚀硅材时环境气压增加会抑制等离子体膨胀,提高其温度及电子密度,增强辐射强度,同时又会加强等离子体与气体分子的碰撞而散失能量,从而削弱等离子体与靶材之间的能量耦合,降低辐射强度。

除了上述对提高飞秒激光的加工效率研究之外,飞秒激光在材料的刻蚀、打孔、切割等去除加工的应用方面也得到了十足的发展。利用飞秒激光"冷加工"及几乎无重凝的特点代替传统激光运用在喷气发动机涡轮叶片、喷嘴导向叶片、燃烧室壁上的大量密排冷却孔、汽车注油嘴、打印机喷嘴、太阳能电池、传感器、注射器、电子封装和生物器件等新的打孔应用领域。近年来，飞秒激光加工技术在多种材料小型化医学器件上发挥了独特的作用。图 1–5（a）（b）分别为 Oxford Lasers 公司利用飞秒激光切割加工的已经商业化的异性斜孔和方形孔。图 1–5（c）（d）分别为美国光谱物理公司使用飞秒激光切割的已经商业化的 180 μm 壁厚的 PLGA 生物支架和壁厚 45 μm、宽 35 μm、直径 4.5 mm 的超塑性镍钛自膨胀支架。

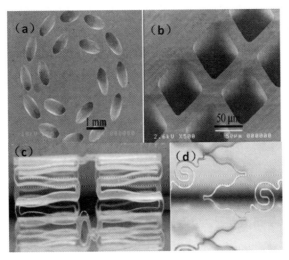

图 1–5　Oxford Lasers 公司加工的孔和光谱物理公司切割的生物支架

1.3.2 激光诱导表面纳米结构

利用飞秒激光诱导周期性表面结构（Laser-induced Periodic Surface Structures, LIPSS），改变材料表面的光学性质（如制备宽光谱吸收、增强光吸收、表面着色）、润湿性能（如超亲 / 疏水、超亲 / 疏油）、抗结冰、摩擦性能等功能表面，成为自 LIPSS 发现以来便持续得到了国内外广泛关注和深入研究的热点。当前我所在的实验室就正在进行超亲 / 疏水、超亲 / 疏油研究，其中银恺博士所研究的成果得到了同行的高度评价。

飞秒激光诱导周期性表面结构按照周期可以分为低频粗纹（LSF）和高频精细纹（HSF）。按照方向可以分为垂直极化方向的寻常条纹和平行极化方向的反常条纹。激光光学参量、靶材的光学和介电性能、加工环境氛围影响和决定条纹的形成。飞秒激光对不透明材料可同时诱导低频粗纹与高频精细纹，其中低频粗纹的周期与脉宽无关。低光强、多脉冲下诱导高频精细纹，高光强、低重叠率、光斑中心诱导低频粗纹，但是高光强诱导 ZF_6 玻璃条纹时出现了反常粗纹现象。当前的解释周期结构形成机制已有一些典型的理论和模型，但是目前对于周期结构的形成原因还存在较大争议，尚未形成统一的认识。

1.3.3 透明材料体内加工

利用飞秒激光高光强多光子非线性吸收效应，实现透明材料内部激光焦点处超分辨加工，通过多光子吸收效应改变材料介电常数制备光波导，微爆炸去除制造微流体通道，聚焦于透明材料内部实现微连接等。

飞秒激光对光波导、流体通道的精密制备促成了高集成光路及试验芯片的发展，特别是在合束器、量子电路以及生物芯片、全微分析系统方面。而在实际加工中，影响加工质量的关键是对波导及通道界面的操控，所以散光束整形、狭缝光束整形、时空波束整形等多种整形技术得到了开发和应用。此外晶体材料的偶阶非线性、双折射、宽透明谱带等性能也为光波导在集成光学制造中提供了空间。Lu J M 等研究了非线性光子器件的 3D 制造。Stone A 等利用角分辨电子衍射法使用飞秒激光在玻璃内部生长单晶波导。Li Y 等利用飞秒激光在水中聚焦加工三维多层微流体芯片。Yan X 等利用首脉冲在熔融石英中诱导周期条纹，利用次脉冲干扰等离子体波形成无序表面结构，使腐蚀液在导流通道中延伸路径增加到单脉冲时的 7 倍。Luo S W 等获得了 3D 光子晶体。Paiè P 等研究了飞秒激光对集成生物芯片的设计制造。Zimmermann F 等指出高频脉冲产生的热影响区随频率增加而扩大，采用爆发模式会使热影响区变长而宽度不变。Hélie D 等利用飞秒激光聚焦于覆盖玻璃薄片的光纤端面，实现了对光纤芯径的密封。Bolpe A 等通过热累积模型获得了有效的加工速度，实现了对 PMMA 材料微流体通道的密封。

1.3.4 双 / 多光子聚合加工

利用飞秒激光对光敏材料诱导双 / 多光子吸收后引发聚合过程可制备

微纳光学、动力学器件，制造光子晶体，实现对光子的操控。

在光与物质相互作用过程中，如果光强足够强，则物质可能同时从光场中吸收两个光子。双光子吸收是一种典型的三阶非线性光学效应。双光子聚合实验装置如图1-6所示。

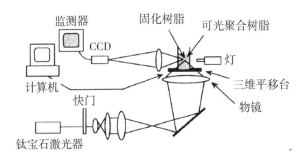

图1-6　双光子聚合微纳加工的实验装置图[49]

利用双光子/多光子聚合原理增材制备微结构是飞秒激光微纳加工光敏聚合物的一种先进的且具有广阔应用前景的加工手段，在加工尺寸上可以远远超出衍射极限的分辨本领，可以实现真正的三维立体加工，可用于微透镜、衍射光学器件、光子晶体、微纳光学、动力学器件制造。飞秒激光双光子聚合是一种真正的三维立体微结构制造方法。这一技术的一个标志性成果是 Sun 等人利用双光子聚合制造的"纳微米牛"，见图1-7。另外，利用与双光子聚合原理相类似的双光子对光反应变色（Two–photon Photochromism）作用制备的三维可擦写聚合物材料，为高密度快速信息存储开辟了一个新的可能途径。

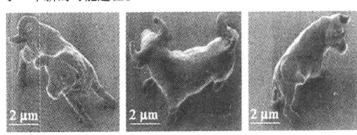

图1-7　"纳微米牛"的扫描电子显微（SEM）照片

近年来，学者们对加工方式的组合及加工材料展开了飞秒激光聚合加工的研究。Yuan L 等利用干涉技术在光敏树脂中制造具有相位调制功能的二维正交光子晶体。Lin J T 等则将飞秒激光聚合"增材"与刻蚀"减材"相结合，在 3D 玻璃微流体通道内部制造 3D 聚合物微纳结构。Chen F 等将飞秒蚀刻与金属微凝固相结合，实现了在熔融石英内部制造直接植于芯片之上的金属 3D 微弹簧，见图 1–8。

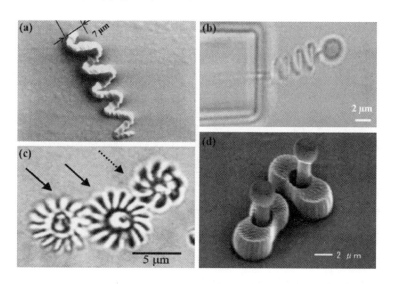

图 1–8　双（多）光子聚合制备的结构：（a）三维螺旋结构；（b）微弹簧振子结构；
（c）微啮合齿轮结构；（d）叶轮式微泵结构

1.4 激光共振吸收烧蚀技术及其国内外研究现状

1.4.1 激光共振吸收烧蚀技术

物质分子内的运动包括分子间的转动、原子间的相对振动、电子跃迁、原子核的自旋跃迁等形式，这些运动形式的能级分布都是量子化的。如果辐照到靶材的入射激光光子能量 hv 或多光子效应下的等效光子能量 nhv 和被加工材料的电子跃迁能级差相近或相等时就会发生共振吸收。如图 1–9 所示，不同的波长范围对应不同的跃迁类型，就会有不同形式的共振吸收。

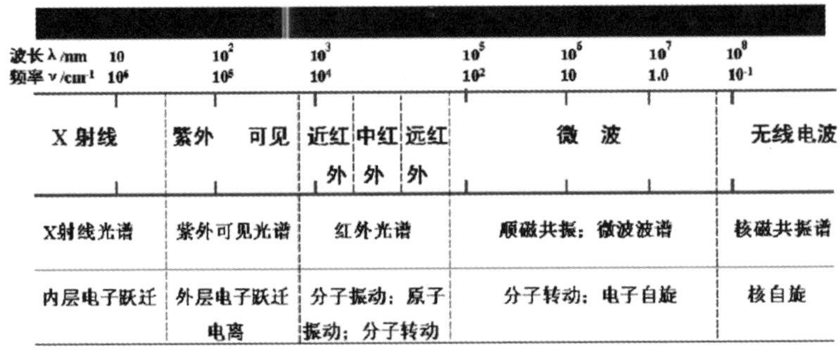

| 波长 λ /nm | 10 | 10^2 | 10^3 | 10^5 | 10^6 | 10^7 | 10^8 |
| 频率 ν /cm⁻¹ | 10^6 | 10^5 | 10^4 | 10^2 | 10 | 1.0 | 10^{-1} |

X 射线	紫外	可见	近红外	中红外	远红外	微 波	无线电波
X射线光谱	紫外可见光谱		红外光谱			顺磁共振:微波波谱	核磁共振谱
内层电子跃迁	外层电子跃迁电离		分子振动:原子振动;分子转动			分子转动:电子自旋	核自旋

图 1-9　电磁波波长范围及跃迁类型

由于飞秒激光的能量密度非常高，脉冲宽度超级短，几乎可以将其用于绝大多数的材料进行微纳制造，尤其是对于透明的电介质材料。然而受其加工效率很低的固有特性限制，它并不适合应用于工业领域。而共振吸收可以有效地提高光子的吸收效率和加工效率。在实际应用中，共振吸收比单一波长、非共振吸收拥有更好的加工效果，共振吸收时材料对激光的吸收效率比非共振时有数十倍至数百倍的提高。

任何物质由于其特定的原子内部结构，都会有一定的吸收谱，其吸收谱的峰值对应相应原子激发时的电子跃迁能级。吸收谱中的吸收线最大处的波长为吸收谱中心波长，用 λ_0 表示，中心波长取决于原子能级或者固体物质的能带结构。被加工材料的吸收光谱谱峰就取决于 λ_0，光吸收谱线强度取决于原子分子的能级跃迁概率。

用波长可调谐的激光取代固定波长输出的激光，并将激光的输出波长选择到与所研究、所加工材料的原子或分子某一个或几个电子跃迁的中心波长 λ_0 上，材料对激光的吸收率会大大增加，从而提高加工过程中的能量利用率和激光加工效率，这种方法叫作共振激光烧蚀（Resonant Laser Ablation，RLA）。

激光共振吸收的种类主要有以下几种：

（1）多光子共振吸收

多光子共振是指由于靶材中存在中间能级，使得多个光子同时被吸收

16

的概率大大提高，进而提高电子的电离速率。它发生在飞秒激光共振烧蚀产生自由电子的最初阶段，是电子能级间共振跃迁的过程。电子跃迁是指原子的外层电子通过吸收特定频率光子从低能级转移至高能级的过程，所吸收的光子必须与跃迁能级间能量差值匹配。对于激光共振烧蚀加工，价带电子吸收高能光子，跨越禁带到达导带成为自由电子。价带电子吸收光子跃迁直至电离，为随后的碰撞电离和雪崩电离提供初始的种子电子。光子的能量与光频率成正比，因而通常情况下，只有频率相对较高的紫外激光才可能使得电子通过单个光子的能量吸收而电离；而频率相对较低的可见光和红外激光以及激光烧蚀加工电介质材料时，因电介质材料的禁带宽度一般都大于激光器输出激光单光子能量，故只有通过多光子能量聚合才能达到电子的电离能，此时一般多为多光子吸收电离。尽管多光子共振吸收可以增加种子自由电子，提高电离速率，但是电子同时吸收多个光子能量的概率远小于单光子吸收的情形。

（2）等离子体共振吸收

通过以上多光子共振电离或掺杂易电离元素等方式产生的初始种子自由电子，在强光场的作用下发生强烈的碰撞电离和雪崩电离，进而在靶材表面局部形成高温、高压、高自由电子密度的等离子体。等离子体中电子云在静电力的作用下将集体振荡，其振荡频率称为等离子体的本征频率 ω_p，当等离子体频率与入射激光频率 ω 相等时，等离子体将会产生共振吸收，吸收大量入射激光光子能量。等离子体的本征频率并不固定，它随着激光的作用过程而改变。在入射激光作用初期，射入的激光破坏了电荷场的平衡，等离子体频率迅速增大并远远超过激光频率；然而等离子体频率又随电子振幅的增大而减小，而电子的振动幅值主要随入射激光的光强增加而增大，因此可通过调节入射激光光强来改变等离子体的本征频率。其基本调节过程为：等离子体中离子所带正电荷与电子所带负电荷相互作用会产生一个电势 Φ。在较低光强激光的激励下，该电势与其本征频率 ω_p 成正比。离子的振动幅值增大时，Φ 将变宽，恢复力（Φ 的负梯度）将相应地减弱，ω_p 减小，因此在一个合适的光强激光的激励下，等离子体的频率将等于或接近于激光频率而产生共振吸收。Kundu M 等研究发现，等离子体对激光能量的吸收存在一个阈值激光光强 I_{res}，当入射激光强度低于该阈值 I_{res} 时，系统对能量的吸收很弱，而高于 I_{res} 时，吸收将呈阶跃势增长，如图 1-10 所示。这就是在本研究的实验中共振效应的强弱会与入射光功率有关的原因。

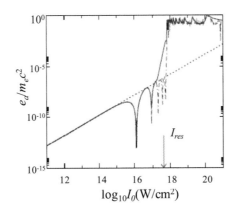

图 1-10　等离子体能量吸收 e_a 随入射激光峰值强度 I_0 的变化

　　随着等离子体对入射光能量的吸收，继而会产生等离子体屏蔽。该屏蔽将会阻碍入射激光对靶材的继续深入加工。同时电磁波在等离子体中传播存在一个等离子体截止频率，若入射光频率低于此截止频率，则会被等离子体全反射，于是就不能再进入等离子体内传播，这个道理类似于太空电离层可以有效反射外太空低于电离层截止频率的电磁波，从而保护地球上所有生命免受伤害。

　　从上述激光与等离子体相互作用的分析可以看出，不管是弱激光光强下的高频等离子体，还是强光强激发的低频等离子体，都会对后续的入射激光具有较强的吸收或者反射的屏蔽作用。这使得激光向靶材表面的能量传输被等离子体阻断，进一步深入加工被阻止。所以在激光加工中应该尽可能地抑制等离子体的形成，或者在等离子体刚形成时就想办法将其迅速驱离掉。目前只要采用侧吹保护气体法和外加电磁场法驱除等离子体对入射激光能量吸收的屏蔽。

（3）表面等离子体共振吸收

在类似于可见光波段下的金属与电介质的两种介电常数符号相反介质的分界面上电荷密度波动而产生的沿着金属表面传播的电子疏密波，就叫表面等离子体波，在分界面处向上其振幅呈指数规律衰减。表面等离子体波在激发时就会产生表面等离子体共振。它是指当入射激光与表面等离子体波的频率和波矢都匹配时，就会激发出表面等离子体波，并使能量从入射激光大量注入表面等离子体的过程。由于表面等离子体是一种纵波，在满足一定条件下，只有 P 偏振光才能激发出表面等离子体波，并产生表面等离子体共振。

通常情况下，某一频率的表面等离子体波的波矢要大于同频率的空间电磁波的 P 偏振分量，使得表面等离子体波难以被激发，因而实现表面等离子体共振需要引入耦合结构来提高空间电磁波的波矢，使其在同频率时与等离子体波的波矢匹配。目前表面等离子体波的激发有很多种方法，图 1–11 所示为几种常见的光场耦合激发法。

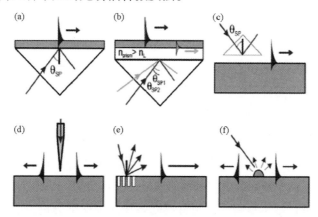

图 1–11　光激发表面等离子体波结构示意图：（a）Kretschmann 结构；（b）改进的 Kretschmann 结构；（c）Otto 结构；（d）Snom 探针激发；（e）光栅散射激发；（f）表面起伏激发

其中运用较为广泛的是 Kretschmann 结构，其基本原理为：入射光在分界面处发生全内反射时会产生倏逝波，倏逝波的波矢与入射角有关。满足某个适当的入射角条件时，倏逝波将与表面等离子体波的频率和波矢相等，进而激发共振，入射光被大量吸收，使得反射光强度急剧下降，在反射光谱上反射光强度最低点所对应的波长即为共振波长。

（4）红外共振吸收

红外共振就是指入射激光光子能量与分子的两个能极差匹配时，光子被吸收，引起分子对应能级跃迁的基本过程。红外共振所研究对象多为聚合物大分子基团，当某一频率红外激光辐照靶材时，如果靶材分子中某个基团的振动频率和激光频率相当时，入射激光的能量通过分子偶极矩的变化传递给分子，这个分子基团则通过吸收该频率的红外激光能量而产生共振跃迁，两者之间就会产生共振吸收。如果用频率连续变化的红外激光辐照某靶材，由于靶材对不同频率的红外激光吸收程度不一样，那么作用于靶材后的红外激光将在有些频率范围内减弱，在另一些频率范围内仍然较强，采用光谱仪记录下这些变化规律，可以得到该靶材的红外吸收光谱图。由此可知，产生红外激光共振吸收必须具备两个条件：①红外激光光子能量与分子能级差匹配；②红外激光光子与分子之间必须具有耦合作用，分子的偶极矩随着分子的振动而变化。通过共振过程所导致的偶极矩变化使得分子振动幅值增大、分子振动势能增加，从而通过偶极矩诱导的红外跃迁，实现红外激光共振吸收的能量传递。

1.4.2 共振激光烧蚀技术国内外研究现状

共振激光烧蚀技术是 20 世纪 80 年代后期起步的一项实验技术，作为一种新的激光加工方法，共振激光烧蚀以其高灵敏性、低能量阈值和简单的实验方案，成为微观分析领域的研究热点，现已被成功地用于表面分析、原子光谱测量、纳米材料、薄膜材料制备和薄膜深度分析，未来有着广阔的应用前景。共振激光烧蚀技术作为固体样品微区分析新方法对了解矿物中元素的赋存状态、成矿机理及判断矿脉走向有着重要的实用价值，而且在物理学、化学、环境学、生命科学等科学领域及冶金、电子、考古、环境等一些工业领域有着广泛的应用前景。

共振吸收已经广泛应用于不同的研究领域：在紫外和可见光区发生的是外层电子跃迁电离，在该波段应用共振吸收理论的研究包括共振电离和共振激光烧蚀；在红外光区，对应着分子振动、原子振动和分子转动。在该波段典型的应用包括共振红外脉冲激光沉积和共振激光辅助生成钻石晶体。

美国海军研究中心的 Bubb D M 首先提出使用中红外自由电子激光器（FEL），进行共振红外脉冲激光沉积（RIR–PLD）聚合物薄膜的研究。相较于传统的脉冲激光沉积（PLD）方法，红外激光单光子的能量约为 0.25eV，远小于聚合物的共价键能，消除了可能发生的光化学反应和沉积过程中产生其他化学物质；对应着分子振动跃迁的共振红外光吸收可以提高光子吸收效率和薄膜沉积速度。故该方法得到了广泛关注，并成功地应用于各种聚合物薄膜的沉积。

北京理工大学在与内布拉斯加林肯大学的合作项目中采用共振激光辅助燃烧合成的方法在空气中快速生成了钻石晶体。实验中将 C_2H_4、C_2H_2、O_2 的气体混合物作为生成钻石晶体的原料。通过调节 CO_2 激光的波长到 10.532 μm，共振激发乙烯分子 C_2H_4 中 CH_2 键的摇摆振动模式，能以 139 μm/h 的速率很快地在硅基底上合成高质量的钻石晶体。在 36 小时内生成的钻石晶体可达高度 5 mm、直径 1 mm。

在超快激光中，共振吸收也开始引起人们的关注。Jupé 等发现了当二氧化钛的禁带宽度等于光子能量的整数倍时，产生的共振吸收效应会减少材料的烧蚀阈值。

共振电离光谱（RIS）是 Hurst G S 于 20 世纪 70 年代提出的一种全新的化学元素检测方法。Hurst 等采用脉冲染料激光，处于气相的量子态的原子对可调谐激光器发出的光子共振吸收，光致电离变成离子对，使处于基态的单个原子近似 100% 地被电离，在这种方法中，该过程即为共振电离过程。Hurst 对应着元素周期表给出了 5 种基本的共振电离方案。Saloman 对 RIS 方案中各种元素的光谱学特性进行了详细的研究，并设计了常见元素的共振电离方案，见图 1–12。

　　作为共振电离谱学的一个分支，共振激光烧蚀（RLA）在同一激光脉冲时间内实现样品烧蚀和共振跃迁电离的两步过程。采用波长可调谐的染料激光将波长调谐至所研究原子或分子的某个特定电子态间跃迁的共振波长，从而有选择地增加某种特定元素的离子激发数。由于某元素被激光共振烧蚀之后，信号强度会明显增强，所以灵敏度得到提高；又因为合金或基体材料中的其他元素较少受到共振激光烧蚀的影响，故选择性也得到提高。文献中对于共振激光烧蚀现象的解释主要是基于 Verdun 的假设：在脉冲的前半部分时间内激光对样品进行非共振融化、蒸发，在脉冲后半部分时间内激光再有选择地电离气态原子。共振吸收发生在材料被非选择性蒸发之后的气态阶段，这样可以产生更多的离子，便于质谱仪的检测。

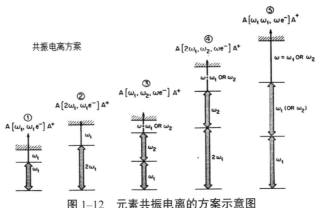

图 1–12　元素共振电离的方案示意图

　　RLA 已经成功用于分析不同基体材料中的多种元素。绝大多数的RLA 研究都是使用可调谐染料激光器改变激光波长，实现对原子的单光子或多光子共振电离，用 TOF–MS 的方法检测产生的离子信号。在 RLA 中，被测元素的信号强度普遍会提高 1.5 ~ 10 倍，而基体材料中其他元素的信号则不会出现，或者强度受到限制。激光烧蚀扫描信号的谱线半宽落在 5 ~ 20 pm 和 100 pm ~ 1 nm 范围内。大多数作者将光谱谱线变宽归因于气态原子的碰撞展宽，而窄的光谱特征则说明没有发生碰撞展宽。适当的激光入射功率密度（$10^6 \sim 10^{10}$ W/cm^2）有助于增强共振吸收的作用效果。实际上，激光能量对 RLA 过程的影响相当重要，超过这个功率密度范围，共振吸收的作用便会逐渐消失。

来自范德比尔特大学的 Johnson S L 对 RIR–PLD 的机理和应用做了更为深入的探索。通过研究两种聚合物材料聚苯乙烯（PS）和聚乙二醇（PEG），他认为烧蚀机理应当包括两个独立的部分：即热运动和流体运动过程。当聚合物表面吸收充足的能量发生热力学不稳定后，旋节线分解成为 RIR–PLD 的初始热运动机理；当发生旋节线分解之后，主要的烧蚀机理变为反冲诱导的液体喷射，即膨胀的蒸汽形成反冲力喷溅出液体材料。

1.5 飞秒激光微纳加工亟须研究的问题

1）深入研究飞秒激光与加工靶材的作用机制，探索最深层的物理本质。

飞秒激光与材料相互作用机制以及在实际加工中受工艺影响出现的"冷加工"向热效应转变的过程和影响；随着不同加工对象的属性影响，飞秒激光对不同材料加工时的电离方式、吸收方式、刻蚀机理、加工规律的区别和变化；随着加工的时间和空间尺度的进一步减小，量子效应越来越凸显。至今人们对上述这些问题仍不十分清楚，需要去不断研究和解决。

2）研究等离子体对飞秒微纳加工的影响。

激光烧蚀过程中，激光与物质相互作用会产生大量的等离子体，而这些等离子体会影响后续的加工进程，可能造成加工精度的下降，所以在许多激光烧蚀实验中，都采取了诸如制造真空环境、填充惰性气体等措施来降低等离子体的影响。如果能够采取某种技术和手段，使得在正常大气环境条件下就能够克服等离子体的影响，那么飞秒激光微纳加工的成本将会降低很多。虽然飞秒激光脉宽短至飞秒乃至阿秒，等离子体的产生可能滞后于脉冲结束，低频率飞秒加工时其影响较小，但随着功率和重复频率的提高，激光脉冲与等离子体之间的相互作用及其对加工质量和效率的影响就会凸显出来。高功率激光脉冲会延长等离子体寿命，改变其体积和密度，高重频、低加工速率及高光斑重叠率会相对缩短脉冲周期、增加次脉冲与等离子体的相互作用的概率。所产生的等离子体会吸收光束能量，导致光的散射，改变光束传输形态，以及等离子体的热作用，这些都会严重影响加工质量，造成加工精度的降低。因此，研究飞秒激光所诱导的等离子体的产生、演化及对其模拟、调控、成像、与材料和激光的相互作用等多方面内容研究是一项系统、复杂、重要又有意义的工作。

无论是采用脉冲序列技术还是飞秒激光以后朝高频、高功率方向发展，被激光诱导出的等离子体及其对加工形貌的影响始终是未来加工工艺及理论研究的重点。而在实际的应用中，充分弄明白等离子体的产生、演化的过程和机理以及对加工的影响，是优化、改善、提高飞秒激光加工质量的前提和关键。

3）研究如何优化和同步飞秒加工的高精度和高效率。

当前飞秒激光可实现几十纳米的超分辨加工，是一种先进的微纳制造和精密加工手段。但对于加工的精度和效率很难两全。两者的同步优化仍然是一个难题。据此，针对不同加工材料和加工结构，灵活多样的加工方式，及各种方式的组合就相继被提出，但是该方面的研究和开发还面临巨大的差距。

4）探索新的加工技术和方法。

飞秒激光在对复合材料加工时，由于其为非接触式加工，可避免传统加工中刀具的磨损，"冷加工"方式可以减小热影响造成的基体与增强项间的相互作用，振镜及光纤对飞秒激光传输灵活性的加强可实现复杂结构的高效率、超柔性精密加工。利用飞秒激光对复合材料进行高效、精密加工一定大有前景。然而由于金属、陶瓷、树脂材料的光学性能、热学性能不同，在与飞秒激光相互作用中在加工阈值、去除机制、刻蚀效率等方面存在较大的本质上的差异，可能造成表面粗糙度的增加和复杂的形貌特征。人们虽然利用飞秒激光对均质材料的加工开展了大量研究和应用工作，复合材料的加工也有实践，但是主要集中于树脂基复合材料。随着新的不同增强方式复合材料的出现和推广，飞秒激光的精密加工将遇到越来越多的新问题和新难题。

另外，兆赫兹级高重频脉冲飞秒激光对透明材料的连接可以抑制裂纹、提高接头强度，但高、低频下的连接机制及连接形貌等问题还需要大量系统的理论模拟和实验验证。人们虽已对同种透明材料的连接积累了一定经验，但是飞秒激光对异种透明材料之间、透明材料与金属材料之间的连接将面临诸多挑战，还有大量的理论、实验研究和精巧的工艺设计。

1.6 本研究的目标和思路

1.6.1 研究目标

飞秒激光微纳制造尽管成为当前微小尺寸高精度制造的研究热点，在越来越多的领域得到了工程应用。如前所述，至今人们对飞秒激光与材料相互作用时所发生的电离过程、能量吸收、转变、转移方式等机制仍不清楚，这成为制约飞秒激光应用的瓶颈问题，因为缺乏从根源上寻找解决所遇到问题的理论原因。虽然人们提出了一些理论和模型，但往往都只是限于特定的对象和特定的条件的近似，且这些理论和模型也一直受到学术界的争论。另一方面随着加工的时间和空间尺度的进一步减小，量子效应越来越凸显，传统经典理论已经不再能进行分析和解释。本研究运用含时密度泛函理论，采用第一性原理计算共振吸收时的电子动力学参量的变化和影响，以及入射飞秒激光的光学参量对共振效应的影响，同时以 Na_4 团簇为例进行仿真分析。

当前飞秒激光作为一种先进的微纳制造和精密加工工具，可实现几十纳米的超分辨超精细的微纳加工，但是在实际工程应用中其加工效率一直不高，这是限制其更广泛有效使用的一个瓶颈。同时在实际应用中很难两全加工精度和加工效率，这也就使得高精度的优势受到牵制。尤其是当加工的靶材为烧蚀阈值较高的介质、半导体等非金属材料时，其烧蚀加工的难度更大，烧蚀效率更低，据此选择具有选择性吸收特性的错钕玻璃和钛玻璃作为实验材料，选用共振波长和非共振波长两类不同波长，采用 1kHz 和 80MHz 两种不同重复频率的激光分别对实验靶材进行烧蚀打孔和烧蚀刻线实验，对比分析其烧蚀孔径、烧蚀孔体积、刻蚀轮廓长度、烧蚀阈值、烧蚀效率，同时采用纯净石英玻璃作为实验材料做同样的对比实验，通过实验的研究证明共振效应对提高微纳制造效率的有效性和其中的一些相应规律。

1.6.2 研究思路

入射激光光子能量与被加工靶材电子跃迁能级差相等或相近时能够有效提高飞秒激光精密加工效率。本研究主要针对该共振吸收效应制造方法进行了机理上的电子动力学仿真和烧蚀效率实验，以期阐明共振吸收制造的微观机理。同时探究该方法在实际工程应用中的影响因素和加工规律。在理论研究方面，采用当前学术界公认最有效的含时密度泛函理论分析电离机制和规律的方法，基于量子模型，从电子动力学角度利用第一性原理仿真研究飞秒激光共振吸收效应加工的机理和规律。

由于该理论和方法仅能计算由几个原子所组成的晶胞，其共振效应的理论模拟仅能针对原子或团簇，而对掺杂离子的晶体材料并不适合进行理论计算和仿真，不过其结论同样能够适合本研究实验材料中的镧系离子，故对后续共振实验有指导意义，可以成为后续实验的理论基础。因此本课题针对 Na_4 团簇进行理论研究并进行仿真。在实验研究方面：由于介质烧蚀阈值高，加工难度大，又加之掺杂镧系金属离子的玻璃具有明显的吸收峰，故实验中选用既难于加工，又具有选择性吸收特性的错钕玻璃和钛玻璃这两种透明材质展开共振吸收烧蚀加工的研究。

首先，从镧系元素离子能级和能级跃迁分析错钕玻璃和钛玻璃的选择性吸收特性，从激光与透明介质的相互作用理论模型研究多光子非线性电离、雪崩电离、等离子体能量共振的机理，进而分析飞秒激光烧蚀镧系掺杂玻璃的机制。

接着，采用含时密度泛函理论，运用第一性原理计算，以 Na_4 团簇为对象，对比共振波长和非共振波长进行仿真研究共振效应对电子电离中的偶极响应、电子发射、能量吸收和瞬态电子密度分布等电子动力学参量的影响，描述电离过程的行为，揭示共振飞秒激光脉冲序列光电离中的非线性电子-光子相互作用规律；然后再仿真研究脉冲序列的脉冲能量的时空分布、脉冲数、脉冲间隔、脉冲相位、偏振状态等重要脉冲序列参数对共振吸收的影响机理，为后续实验研究中改变加工中所用入射激光的波长、能量、脉冲数对烧蚀靶材研究共振效应规律提供理论支撑。

最后，实验研究共振效应能降低烧蚀阈值和提高烧蚀效率。①采用重复频率为 1kHz 的波长可从 240～2600nm 连续可调的光参量放大器（OPA）出射光为加工光源，选用共振波长与多个非共振波长，分别改变入射光功率和脉冲数对镨钕玻璃和钬玻璃进行烧蚀打孔，通过对比孔径、孔深、孔体积分析共振效应下烧蚀阈值的降低和烧蚀效率的提高。还是利用该光源，采用共振波长与非共振波长的单脉冲对镨钕玻璃和石英玻璃进行步进式打孔，对比不同位置两种材料在不同波长下弹坑的深度变化，分析共振波长对加工效率提升的影响；②采用激光振荡源输出的 80MHz 种子光和 OPA 输出的 1kHz 出射光，分别对镨钕玻璃和石英玻璃进行刻蚀划线加工，对比两种不同重复频率下共振波长和非共振波长下刻蚀轮廓的长度，比较烧蚀阈值在共振波长下的减小，说明共振效应对加工效率的提高。本研究技术路线图见图 1-13。

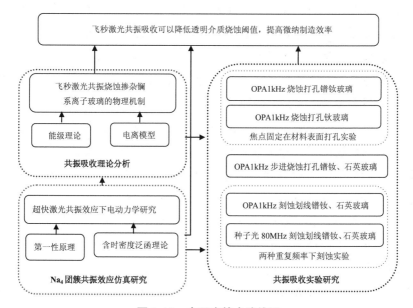

图 1-13 本研究技术路线图

1.7 论文的研究内容和章节安排

本论文主要就飞秒激光的共振烧蚀的机理和实验展开研究，针对 Na_4 团簇采用含时密度泛函理论进行共振效应仿真研究，采用具有特定吸收光谱的靶材掺杂稀土镧系金属离子玻璃为实验材料进行共振效应的实验研究。论文首先分析靶材镨钕玻璃和钛玻璃具有优越光谱特性的能级原因，及其与飞秒激光相互作用的物理机制；依据这些理论分析，拟定飞秒激光共振烧蚀研究的仿真方案和实验方案，并完成仿真研究、激光烧蚀加工系统的搭建、实验实施到数据分析。通过实验加工与理论分析相结合，研究在飞秒激光共振烧蚀作用下，靶材烧蚀阈值、烧蚀深度、烧蚀体积和烧蚀效率等的变化规律。各章节安排如下：

1. 绪论。主要介绍课题的来源、研究背景及意义，介绍微纳制造、激光微纳制造、飞秒激光微纳制造及其研究现状和以后的研究方向，并概述激光共振烧蚀技术的定义、种类和国内外应用及研究现状，最后介绍本论文的研究内容、论文框架和章节分配。

2. 飞秒激光与材料相互作用机理及共振吸收机制。首先分析激光与介质的相互作用的物理过程，接着介绍实验靶材镨钕玻璃和钛玻璃的吸收光谱特性和原因，然后对飞秒激光与靶材发生共振加工时所发生的多电子和隧道共振电离、雪崩共振电离、等离子体共振吸收等机理进行分析和研究，最后对靶材在飞秒激光共振烧蚀作用下被去除的过程进行分析。

3. 飞秒激光共振吸收效应作用下材料的电子动力学研究。应用实时和实空间含时密度泛函理论来描述光学线性响应和由超短超强激光诱导的非线性和非微扰的电子动力学，这为光吸收谱、光致激发和 Na_4 团簇的电离提供了一种有效的计算方法。在飞秒激光脉冲照射下，仿真研究飞秒激光共振加工材料时，共振效应对材料的电偶极矩、电子发射、能量吸收、电子密度分布、电离概率、电离过程等在内的非线性电子动力学的影响，并对电离过程的行为进行描述。同时还仿真研究了飞秒激光主要光学参量对共振效应、电子动力学的影响。通过仿真计算表明超快激光脉冲序列整形，可以控制共振效应和能量吸收、电子发射、偶极响应和电离概率在内的电子动态。另外，提出了在不同的激光条件下产生不同带电离子状态的实验关联概率的时间演化。

4.飞秒激光共振吸收高效率加工掺杂玻璃的实验研究。飞秒激光重复频率对镨钕玻璃共振烧蚀效应的影响的实验研究。首先采用 Topas 出射的 1kHz 飞秒激光对镨钕玻璃进行焦点烧蚀矩阵打孔加工，研究在共振波长与非共振波长下、在不同脉冲数和功率密度激光作用下的烧蚀孔的直径、深度、体积，以及烧蚀阈值和烧蚀效率规律；接着换成钬玻璃重复镨钕玻璃焦点烧蚀矩阵打孔实验内容；然后采用 Topas 出射的 1kHz 单脉冲飞秒激光对镨钕玻璃和石英玻璃进行共振波长与非共振波长下步进式打孔加工实验，研究烧蚀弹坑的深度变化规律；最后在两种不同激光重复频率（1kHz 和 80MHz）的飞秒激光对镨钕玻璃和石英玻璃进行共振波长与非共振波长下倾斜式刻线烧蚀加工实验，对比研究刻痕轮廓长度、烧蚀阈值和共振烧蚀效应。

5.总结与展望。总结现阶段已做的全部工作，并提出下一阶段的研究方向。

2 飞秒激光与材料相互作用机理及共振吸收机制

在本研究中，主要选取的透明介质研究材料为镨钕玻璃和钬玻璃，即掺杂了镨、钕稀土元素氧化物或者是掺杂了钬稀土氧化的硅酸盐玻璃。下面将从 Nd^{3+} 和 Ho^{3+} 的能级及能级跃迁，分析镨钕玻璃和钬玻璃的光谱特性，然后分析激光与物质的相互作用过程，再接着对飞秒激光与透明介质的作用机理进行阐述，最后研究飞秒激光对稀土离子玻璃的共振加工机理。

2.1 激光与物质相互作用的物理过程

飞秒加工的过程是一个飞秒激光与物质进行强相互作用的过程。激光与物质发生强相互作用的过程是一个非常复杂的过程，从基态受激发到达新的平衡态的过程是一个能量不断转移和转化的过程，按照发生的时间顺序一般来说主要包含以下几个物理过程[100,101]（图2-1）。

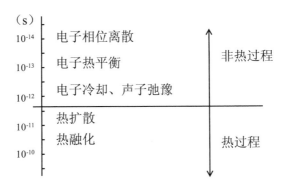

图2-1 激光与固体物质相互作用的物理过程

2 飞秒激光与材料相互作用机理及共振吸收机制

1. 基态电子受激跃迁：当入射光子能量大于固体物质禁带宽度时，处于基态的电子吸收该光子能量后跃迁到一个处于准热平衡状态的更高的能级。固体物质吸收的入射激光光子的能量完全被束缚于固体的电子系统中，而与固体的晶格没有任何能量交换，受激电子的温度要远高于电子周围晶格的温度，基态电子受激跃迁时间 $\tau_e \approx 10^{-13}$s。

2. 激发态电子释放能量：受激电子将释放一部分能量弛豫到一个新能态。弛豫阶段中，处于准热平衡态的受激自由电子将与固体物质的晶格发生相互作用，辐射出一个受限纵光学 LO 声子而弛豫到一个较低的能级，其能量传递给晶格。弛豫时间为 $10^{-13} \sim 10^{-12}$s。

3. 声子－声子相互弛豫：过程 2 中辐射出的纵向 LO 声子与晶格的声学声子发生耦合作用，通过声子－声子作用将能量转移给晶格，该过程持续时间为 $\tau_t > 10^{-12}$s。

4. 晶格间能量传递：主要表现为热扩散，其扩散时间 τ_{th} 可以通过表达式 $\tau_{th} = \delta/D^2$ 进行估算，主要取决于固体物质本身的热扩散特征长度 δ 和热扩散系数 D，τ_{th} 一般在 10^{-11}s 量级。

根据入射激光脉冲持续时间 τ_p，与上述过程中的各阶段持续时间对比，针对连续激光、皮秒激光和飞秒激光的不同脉宽，可以将光与物质的相互作用分为以下几种情形：

1）当 $\tau_p > \tau_{th} > \tau_t > \tau_e$ 时，由于脉冲持续时间远大于其他物理过程的时间，在同一个入射激光与固体物质相互作用的脉冲过程中，上述四个过程都已经完全发生，如连续入射激光。此时，持续不断地吸收入射光子能量会导致固体中受激电子的数量和电子的能量的增加；与此同时，通过光致电子跃迁吸收的能量持续不断地通过声子转移给晶格，被辐照的区域因为短时间内得到巨大的热量而迅速升温而熔化，直至气化。同时，同一个脉冲时间内的能量持续供给，使得热量持续扩散到固体中其他区域，引发未辐照区域的损伤。

2）当 $\tau_{th} > \tau_p > \tau_t > \tau_e$ 时，即入射激光的脉冲持续时间小于晶体内部的热扩散时间，但与电子－声子耦合时间相当，比如皮秒脉冲激光。在这

31

个过程中，在入射激光脉冲持续时间内主要是基态电子吸收入射光子，以及电子－声子耦合过程。此时若入射光比较强，一个脉冲内的能量能够迅速从光能转换成热能，因此激光辐照区内的固体物质将因为快速受热而熔化，甚至发生气化而该时间小于热传导时间，热扩散对周围区域影响较小，所以未被辐照的区域不会受到很大的影响。

3）当 $\tau_{th} > \tau_t > \tau_p > \tau_e$ 时，入射激光脉冲的持续时间远小于电子－声子耦合时间，比如飞秒脉冲激光。此时转化的能量主要发生在基态电子吸收入射光子以及电子－电子耦合过程，而入射激光脉冲持续时间内电子通过辐射声子释放能量的弛豫和能量传递过程可以忽略。此物理过程中的入射激光与固体物质的相互作用被限制在基态电子受激跃迁和储存能量中，激光辐照的热效应比较小。

综上所述，入射激光与固体物质相互作用过程的本质都起源于入射激光光子激发固体物质中的处于基态的电子，然后受激电子通过辐射声子与晶格发生作用而把能量转换成热能传递给晶格，受辐射固体物质快速得到了大量热量而发生固—液—气相变，最后以气体的形式除去相关物质。由于飞秒激光在入射激光与固体物质相互作用过程中基本可以忽略热的传递过程，因此固体物质受到的伤害仅仅局限于飞秒激光的辐照区域，不会对固体物质的其他区域产生影响，从而可以进行非常精细的加工，这也就是飞秒激光加工的最大优势。

2.2 飞秒激光与透明介质相互作用的机理

2.2.1 飞秒激光作用于透明介质的电离过程

当入射光子的能量刚好与发生电子跃迁的两个能级之间的差相近或者相等的时候，即 $\Delta E \cong h\upsilon$ 时，电子的受激跃迁概率将大幅提升，此时电子很容易吸收入射激光的能量被激发到相应的激发态能级上去，而产生强烈的吸收，所以激光的透过性降低，这就是激光辐照时的共振吸收。因此，相邻能级的能量差可以通过吸收谱测定，其吸收谱的峰值位置的波长对应着固体中电子跃迁的能级差，例如 Nd,Yb:YVO$_4$ 激光晶体的吸收谱，如图 2–2。吸收谱中的每个吸收系数的峰值的中心波长用 λ_o 表示，根据中心波

长可以计算得到原子中不同轨道之间或者是固体中不同能级之间发生电子
跃迁的能级差：

$$\Delta E = 1240/\lambda_o \qquad\qquad （2-1）$$

其中波长 λ_o 的单位为 nm，能量 ΔE 的单位为 eV。

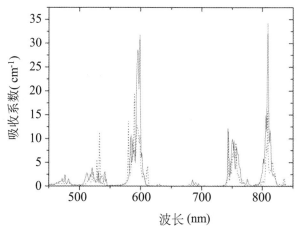

图 2-2　Nd,Yb:YVO₄ 晶体的基态激发吸收谱

　　根据上面可知，在光与物质相互作用过程中若入射激光的光子能量
与被辐照物质的电子跃迁能级相近甚至相同时，这时会发生共振吸收，被
辐照材料对入射激光的吸收效率会极大提高。对于激光加工而言，这意
味着入射能量的实用效率将会得到极大提高，从而大幅度提高激光加工
的效率。另外还有一种比较特殊的情况，就是当能级差刚好是入射光子
能量的整数倍的时候，也会发生多光子共振吸收，被辐照材料的吸收效率
也会大幅度提高。正是基于上述原理，共振吸收主要是利用了被加工物质
的吸收光谱上的峰值波长，在加工的过程中将使用波长可调谐的激光取代
具有固定输出波长的激光，根据被加工材料的吸收光谱，将调谐激光的工
作波长选定为与所要加工的材料的吸收光谱中的吸收峰相对应的波长，在
此工作波长下对材料进行加工，将会大幅提高加工过程中的激光能量利用
效率。

　　对于一些稀土掺杂的硅酸盐玻璃而言，这类玻璃在很宽范围内透过率都非常高，但是由于掺杂了稀土元素的缘故，在吸收谱中将出现类似图 2-2 中的光学吸收特性，在掺杂稀土元素所在跃迁能级的位置出现了相对应的吸收，故将这种玻璃称之为选择性吸收玻璃。由于其能够非常强烈地吸收某一波段的入射光，常被用来作激光器的增益介质或者护目镜，例如错钕玻璃、钕玻璃等。也是由于其掺杂了镧系元素的稀土氧化物，这类选择性吸收玻璃还具有很高的折射率。

　　飞秒激光与非金属相互作用时，材料本身并不像金属材料具有大量的自由电子，因此这时会有一个自由电子的产生过程。此时有两类情况：一是窄带半导体材料，窄禁带宽度意味着能量高于带隙的光子就可以让价带电子直接激发而跃迁到导带中，因此即使激光的能量密度很低也有可能产生大量自由载流子。另一种情况是宽禁带半导体和绝缘体，此时单光子能量不足以让电子激发跃迁，载流子的产生必须通过多光子电离或者隧穿效应完成。飞秒激光作用在绝缘体材料上，比如石英玻璃、半导体材料硅，有以下三点不同：①多光子电离、雪崩电离和隧穿电离激发自由载流子的主导情况；②通过自陷激子现象起到重要作用的材料本身的极化率；③激光辐射导致的永久空位和缺陷，它们的能级会落在禁带中，将改变材料的固有光子吸收特性，这在单脉冲加工中无关紧要，但是在多脉冲加工过程中会极大降低加工阈值。

　　激光能量是先通过多光子吸收引起的多光子电离和隧道电离产生自由电子，这两种电离哪种占据主导地位取决于入射激光的电场强度。其原理如图 2-3 所示。当激光电场可以视为微扰时，发生多光子电离过程，如图（a）所示；当激光脉冲电场足够高时，会严重扭曲能带，导致隧穿电离的发生，如图（b）所示；而激光脉冲还可能通过声子辅助的线性吸收过程将导带上的电子激发到同一导带上的能带边界处的更高能级，当更高能级上的电子通过带内跃迁回到导带底部时，会同时激发价带中的电子带间跃迁到导带，形成雪崩电离，如图（c）所示。

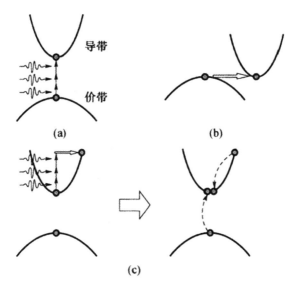

图 2-3　飞秒激光与透明介质的电离过程：（a）多光子电离；（b）隧道电离；
（c）雪崩电离

　　带内跃迁的弛豫时间极短，电子带内跃迁引发的雪崩过程仍然是飞秒量级的，大约在 1 fs。正是由于雪崩电离增快了飞秒激光电离电介质的速度，导致了加工或改性的阈值大大降低，加工的速率提升。粗略地可以认为激光脉冲宽度大于 50 fs 时，雪崩电离不能够被忽略。

　　2.2.2　多光子电离

　　虽然 Keldysh 早在 1965 年就首次用一个模型表述了多光子电离和隧道电离这两种电离机制[102]，但对这两种电离机制概念图的建立和在计算中的近似仍然是个难题。当入射激光的波长比较小，但是其光子能量又不至于让电子实现线性电离吸收时发生的就是多光子电离。束缚电子同时吸收多个光子穿越禁带到达导带成为自由电子的过程如图 2-4（c）所示。由于通过电子累积吸收多个光子能量的方式产生电离，所以吸收光子的数量 k 必须达到被吸收光子的总能量不小于材料的带隙宽度 E_g。即电子从价带跃迁至导带所需吸收的最少光子数 k 需满足 $kh\upsilon > E_g$，k 值可通过式（2-2）

求得，

$$k = \left[\frac{E_g}{\hbar\omega}\right] + 1 \qquad (2\text{-}2)$$

其中 ω 表示入射激光角频率，[ ] 表示对 $E_g\hbar\omega$ 的计算结果进行取整。假如当光电场强度很强时，将使得库仑势垒被足够地压缩，以至于束缚的价带电子能像通过隧道一样穿越被压缩了的库仑势垒，并成为自由电子，这就是隧道电离。隧道电离中入射激光的强电场将一定程度上压缩原子固有的库仑势垒，束缚电子处于价带之内。其过程原理如图 2-4（a）所示。图 2-4（b）则表示多光子电离和隧道电离共同作用。

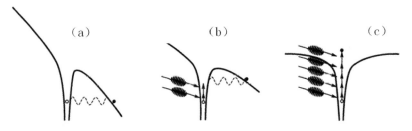

图 2-4　不同 Keldysh 参数代表的电离过程：（a）$\gamma > 1$；（b）$\gamma = 1$；（c）$\gamma < 1$

Keldysh 以绝热因子的形式对多光子电离和隧道电离之间的转变予以了表述，后被人们直接称为 Keldysh 因子 γ：

$$\gamma = \frac{\omega}{e}\sqrt{\frac{m_e c n_e \varepsilon_o E_g}{I}} = \sqrt{I_P/2U_P} \qquad (2\text{-}3)$$

$$I_p = \sqrt{\frac{m_e c n_e \varepsilon_o E_g}{2e^2}} \qquad (2\text{-}4)$$

$$U_P = I/4\omega^2 \qquad (2\text{-}5)$$

式中 e 为电子电量，m_e 为电子质量，n_e 为电子数体密度，c 为真空光速，ε_o 为真空介电常数，I_p 为电离势，U_p 为有质动力势，I 为入射激光的功率密度，

ω 为入射激光角频率。多光子电离速率 $P(I)$ 为公式（2-6）：

$$P(I) = dn_e/dt$$

$$= \alpha I n_e + \frac{2\upsilon}{9\pi}\left(\frac{m'\upsilon}{\hbar}\right)^{3/2}\left[\frac{e^2}{16nc\varepsilon_0 m' E_g \upsilon^2}\cdot I\right]^k \exp(2k)\Phi\left(\sqrt{2k-\frac{2E_g}{\hbar\upsilon}}\right) \quad (2\text{-}6)$$

$$= \alpha I n_e + \sigma_k I^k \approx \sigma_k I^k \propto I^k$$

$$\Phi(x) = \exp(-x^2)\int_0^x \exp(y^2)dy \quad (2\text{-}7)$$

式中 n_e 为自由电子数密度；υ 为激光频率；E_g 为介质材料的带隙宽度；k 为靶材的束缚电子跃迁电离所需吸收的最少电子数，α 为雪崩电离系数，σ_k 为电子同时吸收 k 个光子的多光子电离系数。式中右边第一项对应着带内跃迁，为线性吸收过程，线性吸收大大提高了激光能量的吸收率和利用率；右边第二项对应着多光子电离过程的带间跃迁，为非线性过程。若不考虑雪崩电离，那么从约等式中可以看出初始光致电离速率随入射激光光强 I 按指数规律递增，受其影响很大。假如当光强增大 1 倍，那么多光子电离速率将增大为原来的 2^k 倍。

隧道电离相比于多光子电离，入射激光光强对其影响则比较弱。例如对于在 800nm 入射激光作用下于带隙宽度为 7.5eV 的靶材，光致电离速率和 Keldysh 因子随光强强度增大的变化情况如图 2-5 所示，其中单点线表示隧道电离速率随入射光强度的变化规律，长虚线表示多光子电离速率随入射光强度变化的规律，实线则表示两种电离机制叠加而成的光致电离随入射激光光强的变化规律。由图 2-5 可看出，隧道电离总速率曲线与多光子电离速率曲线在 Keldysh 因子 $\gamma=1$ 附近相交，在 $\gamma>1$ 时总光致电离速率曲线与多光子电离速率曲线基本重叠，它俩变化基本一致，说明此时隧道电离作用很弱，主要靠多光子电离来产生光致电离；而在 $\gamma<1$ 时，情况相反，光致电离总速率曲线此时与隧道电离速率曲线基本重叠，两者的变化表现出一致性，这说明多光子电离已经变得很弱，不再怎么起作用，而起作用的主要是隧道电离了。既然如此，那么 $\gamma=1$ 就成为区分多光子电

离与隧道电离的分界值。当 Keldysh 因子 $\gamma > 1$ 时，则多光子电离占主导；当 Keldysh 因子 $\gamma < 1$ 时，隧道电离占主导；而在 Keldysh 因子 $\gamma = 1$ 附近时，则必须同时考虑多光子电离和隧道电离的共同作用，其示意过程如图 2-4（b）。

近来一些学者通过实验验证了 Keldysh 的光致电离速率理论的准确性。但是有些学者也通过实验质疑 Keldysh 的理论，如 Lenzner 等发现基于 Keldysh 的光致电离速率理论，没法解释石英玻璃的烧蚀阈值与入射激光脉宽之间的关系，且其计算的多光子电离系数比 Keldysh 的理论计算结果小了好几个数量级，不过文献中指出可能是由于光子散射引起电子相移进而导致两者的差异。

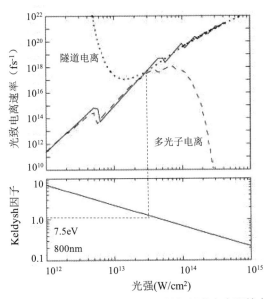

图 2-5　光致电离速率及 Keldysh 因子随入射激光光强的变化规律

2.2.3 雪崩电离

雪崩电离的必要条件是导带中必须存在初始种子电子。初始种子电子主要来源于上述多光子共振电离、自由电子的光子能量吸收和碰撞电离。

当入射激光照射到靶材表面时，首先处在导带中的初始种子电子将非线性地共振吸收多个光子，并跃迁至导带中的更高能级；为了满足电子与光子作用过程中必须遵守能量守恒和动量守恒，电子在吸收一个激光光子时，必须释放或吸收一个光子，或散射杂质来转移动量。处在导带高能级的电子，其形变势的散射时间约为 1fs，因而导带中的自由电子有足够的时间通过频繁的碰撞来有效地吸收更多能量。当自由电子连续吸收 n 个光子，假若自由电子所在能级至导带最小能级之间的宽度大于带隙宽度，这时自由电子就可以通过碰撞的方式从价带中电离出另一个自由电子，将一个导带中处于高能级的自由电子转化成两个低能级的自由电子，其原理及过程如图 2–6。被碰撞出来的这两个自由电子又可继续吸收光子能量、碰撞电离出四个自由电子，如此一级一级、一次一次地扩散，电子数按指数规律像雪崩一样迅速增加。只要激光光场存在，导带中的自由电子数密度 n_e 就可呈指数形式增长，见式（2–8）。

$$\frac{dn_e}{dt} = v n_e \qquad (2\text{–}8)$$

式中 v 代表雪崩电离速率。

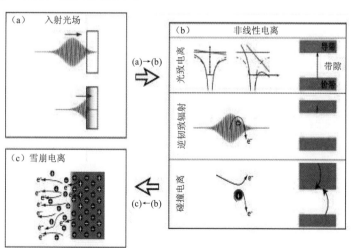

图 2–6　雪崩电离过程示意图[108]

尽管雪崩电离能使导带中自由电子数呈指数形式增长，但由于电子有效碰撞至电离的弛豫时间仅仅约为 10 fs，对于实验中所用脉冲宽度为 120 fs 的入射激光，每个初始种子电子也最多只能发生 12 次碰撞电离，即自由电子数增长 2^{12} 倍；对于介质材料约为 10^{21} cm^{-3} 的阈值自由电子数密度，则达到烧蚀去除所需的初始种子电子数密度至少约为 2.4×10^{17} cm^{-3}，可见初始多光子共振雪崩电离吸收对提高介质材料烧蚀加工效率的重要性。

上面讨论的基于多光子吸收的雪崩电离过程是目前公认的电子从光子得到能量的物理过程，然而电子获得能最后将能量传递给晶格并引发不同的物理、化学变化的过程仍然没有统一的理论解释。

2.2.4 等离子体能量共振吸收

随着雪崩电离的迅速增强，电离出的自由电子越来越多，进而形成高浓度载流子的等离子体，由于等离子体中载流子都是以自由态的形式存在，因而会进一步吸收入射激光的剩余能量。Drude 模型中等离子体固有频率 ω_p 如式（2–9）所示 [114]，主要取决于载流子数体密度 n_e。

$$\omega_P = e\sqrt{\frac{n_e}{\varepsilon \, m_e}} \qquad （2\text{–}9）$$

式中 ε 为介质介电常数，随着等离子体的膨胀，n_e 将增大，其固有频率 ω_p 将随 n_e 增大，当接近于入射激光频率 ω 时，将触发等离子体与入射激光的共振。其对入射激光能量的吸收会进一步增强，吸收系数 σ_k 可表述为如式（2–10）所示。

$$\sigma_k = \frac{\omega_P^2 \tau}{c\left(1 + \omega^2 \tau^2\right)} \qquad （2\text{–}10）$$

其中 τ 为 Drude 模型中的扩散时间，ω 为入射激光的角频率，c 为真空中光的传播速度。

由于等离子体对入射激光能量的共振吸收，当等离子体中载流子数体

密度的数量级达到 10^{21} cm^{-3} 时，入射激光将很难在等离子体中传播，其继续传播深度只能达到 1 μm 左右，这个约与物镜聚焦后高斯光束的瑞利长度基本相当，因而可以认为在入射激光能量被持续吸收的情况下，当载流子密度达到 10^{21}cm^{-3} 时，激光能量将在聚焦区域沉积，并导致该区域的材料损伤。所以一般可以定义激光烧蚀的阈值条件为激光所产生的自由电子数体密度对应的等离子体固有频率等于入射激光的频率。

2.3 掺杂稀土离子玻璃的共振吸收机制

镨钕玻璃和钬玻璃是纯净硅酸盐玻璃掺入稀土镧系金属离子加工而成，它们对入射光的吸收具有明显的波长选择性，对各波长的吸收系数具有明显的差异性。这都是由于其被掺入的金属离子的光谱特性所决定的。镧系稀土化合物丰富的光学性质基本上都与其原子结构有关，其中起决定作用的是原子外层和次外层电子的能级结构，特别是其次外层的 4f 电子能级。

2.3.1 镧系元素的电子层结构与能级

对于稀土中镧系元素而言，其原子核外的电子层排布为以下结构[115]:

$1s^2\ 2s^2\ 2p^6\ 3s^2\ 3p^6\ 3d^{10}\ 4s^2\ 4p^6\ 4d^{10}\ 4f^{0\sim14}\ 5s^2\ 5p^6\ 5d^{0\sim1}\ 6s^2$

其中这些离子的前 3 个电子层、第 4 电子层中的前 3 个亚层、第 5 电子层中的前 2 个亚层都是完全相同的，1s 到 4d 电子，甚至是 5s、5p 电子都受到原子核的强烈束缚而不参与其化合反应和能级跃迁行为，其独特的化学性质和丰富的光谱结构均与其 4f、5d 和 6s 电子相关。在镧系稀土元素中，6s 电子形成化合物容易失去，并且 5d 和 4f 亚层中也经常容易失去电子而形成稳定结构，因此镧系元素在自然界中常以 +3 价的离子态（如 Nd^{3+}，Ho^{3+}）存在。在镧系稀土元素形成化合物后，镧系离子的 4f 电子层上存在着未配对电子和空轨道，因此形成了非常复杂的外层和次外层能级结构。这些离子由于电子改变轨道导致能量的变化，必然与离子中唯一具有不相同电子数的这一 4f 亚层有关。通过多电子原子的近似能级图，可知 4f 能级是所有镧系 +3 价离子处于基态时能量最高的能级，5d 能级是它上方的第一个更高能级。而所有镧系 +3 价离子的 5d 亚层都是空的，那么当

离子吸收光子后导致它的电子发生了能级跃迁，原来处于 4f 轨道的电子就会改变到 5d 轨道上，并且能量增加。假如电了又重新跃迁回原轨道时，那么减少的能量就会以光的形式被释放出来。当吸收相应能量的入射光子以后，受激电子将在不同能级间进行跃迁，释放或吸收光子的频率取决于能力差，由 $hv = |E_2 - E_1|$ 确定。以上吸收和辐射跃迁过程构成了镧系元素优异的选择性光谱吸收特性。根据分子轨道理论，在镧系元素的核外电子层的 4f 轨道层上共有 7 个磁量子数轨道（f 的最大值为 7），4f 轨道上的未排满的镧系元素（如 Ho^{3+}、Nd^{3+} 和 Pr^{3+} 等），4f 层的电子数则从 0 ~ 14 依次递增，这些未完全配对的电子和剩余的空轨道的组合分布，使得镧系化合物具有非常多的能级组合数，电子在这些能级之间的跃迁和弛豫，将产生巨量的光谱项。镧系元素能级图见图 2–7。根据组合计算，对于 +3 价的镧系离子来说，如果不考虑跃迁选择规则，这种不同能级间的跃迁组合数将高达近 20 万种。实际的光谱由于受到选择定则的限制，不可能出现这么多光谱项。镧系元素 +3 价离子简略的能级跃迁情况比较复杂。对于镧系元素的 +3 价离子的化合物的光谱而言，一般其吸收谱峰处于禁带之间，远远小于该化合物的吸收边的带隙吸收峰。其发射和吸收光谱的谱峰主要来自 4f 同层内的电子跃迁，由光谱的选择定则限制，这种在同一层内的 $\Delta l=0$ 的跃迁一般是禁止的（对于 s，p，d 而言）。但由于 f 组态和其他不一样，在 4f 组态中，其组态与组态 g 或 d（宇称与 4f 相反）发生了杂化混合，使得原本禁止的 4f 同层内的层内跃迁变得可能。这种 4f 到 4f 同层内部的电子跃迁的光谱和一般的光谱跃迁不同，其激发态能级寿命很长（一般离子的激发态能级寿命为 10^{-10} ~ 10^{-8} s，而镧系稀土离子的激发态寿命可达 10^{-6} ~ 10^{-2} s），而且其光谱谱峰呈锐线状，具有较好的单色性。此外，由于镧系离子的外层具有完全填充的 $5s^2 5p^6$ 轨道，因此处于内层的 4f 轨道几乎完全不受外场的影响，这些使得镧系稀土离子的光谱特别稳定。镧系元素离子的光谱的上述优点，使得其很适合作为激光共振烧蚀加工的物质材料，这就是本实验选择镨钕玻璃和钬玻璃作为实验材料的原因。

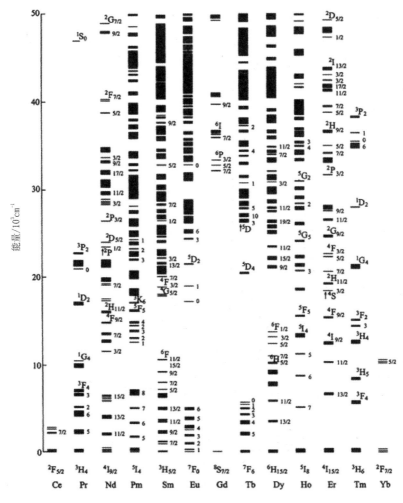

图 2-7 经典的 +3 价镧系离子 Dieke 能级图 [116]

2.3.2 镨钕玻璃的选择吸收特性

本书所用于飞秒加工实验研究的镨钕玻璃 PNB586 的吸收光谱通过 LAMBDA750 型紫外分光光度计实测得到如图 2-8。由图可看出：在 Nd^{3+} 没有吸收峰的位置，该玻璃的透过率非常高，对于飞秒激光基本上没有吸收。而在镨钕玻璃特征吸收峰位置，吸收系数有了很大的提高。其主要吸收峰位置为：530 nm、572 nm、586 nm、739 nm、807 nm 和 879 nm，这些都是镨钕玻璃的特征峰，也是 Nd^{3+} 的特征谱峰。上述所有的吸收峰反映的都是从基态 $^4I_{9/2}$ 到其他能级态的跃迁，相应的能量更高能级光谱项详见表 2–1。例如 739 nm 的吸收峰对应着从 $^4I_{9/2}$ 到 $^4F_{7/2}$ 的电子跃迁，807 nm 的吸收峰对应从 $^4I_{9/2}$ 到 $^4F_{5/3+}{}^2H_9$，586 nm 吸收峰对应着从 $^4I_{9/2}$ 到 $^4G_5$ 的电子跃迁。

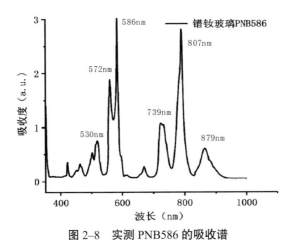

图 2–8　实测 PNB586 的吸收谱

表 2–1　镨钕玻璃在不同波长处的吸收系数及对应的光谱项

波长 /nm	530	572	586	720	739	775	807	879
吸收系数	0.482	1.759	1.930	0.066	0.996	0.118	1.311	0.421
光谱项	$^4G_{7/2}$	$^1D_2$	$^4G_{5/2}$	×	$^4F_{7/2}$	×	$^4F_{5/3+}{}^2H_{9/2}$	$^4F_{3/2}$

从吸收谱中可以看出 586 nm 为 PNB586 的主吸收峰，807 nm 为次吸收峰。为了将共振吸收波长和非共振吸收波长的烧蚀作对比，并以此为依据研究共振吸收对加工效率的影响，分析飞秒激光波长因素对加工效率的影响，根据吸收谱线，本实验中以 586 nm 特征波长为共振波长，选择 586 nm 左右邻近的 500 nm、550 nm、650 nm 和 700 nm 作为非共振吸收对

比波长。实测这五个波长处的吸收率，见表 2–2。586 nm 激光光子能量便恰好等于掺杂钕离子的电子跃迁能级差，并发生能量耦合的共振效应，此时材料对激光的吸收率达到最大，能量的利用率得到提高，从吸收数值上可以看出共振波长的吸收率是其他四个对比波长的 3 ~ 5 倍。通过共振吸收而极大地提高了该玻璃对入射光吸收，为进行飞秒激光加工提供了基础保障。在本研究的步进烧蚀加工镨钕玻璃实验中采用 807 nm 为共振波长，720 nm、775 nm 为非共振吸收对比波长。在重复频率对加工效率的影响实验中将采用 807 nm 为共振吸收波长，720 nm、775 nm、846 nm 作为非共振吸收对比波长。

表 2–2　镨钕玻璃在不同波长处的吸收率

波长 /nm	500	550	586	650	700	720	739	775	807	846
吸收率 /%	23.14	25.08	98.21	32.17	19.65	18.95	92.72	33.03	96.84	19.94

在硅酸盐玻璃中掺入稀土离子 Nd^{3+}，就出现了对 586 nm 波长具有选择性吸收的现象。该波长也是 Nd^{3+} 最大吸收峰，对应的跃迁能级为从基态 $^4I_{9/2}$ 能级跃迁到中间激发态 $^4G_{5/2}$ 能级，如图 2–9 所示。镨钕玻璃光谱中所表现出来的 586 nm 强吸收峰实际上就是 Nd^{3+} 的最强吸收峰，其能量正好等于 Nd^{3+} 从 $^5I_8$ 到 $^5G_6$ 的能级差。未掺杂硅酸盐玻璃的禁带宽度为 3.5eV，对于主要依靠多光子吸收的飞秒激光普通烧蚀来说，共需要吸收 2 个 586 nm 波长的光子，价带电子先激发到虚能级，才能使材料发生电离。当掺杂了镨钕离子之后，钕离子中的价带电子可以通过共振吸收 586 nm 的光子的方式到达中间激发态（Intermediate Level），接着再吸收 1 个光子就可以完成电离，如图 2–9 所示。在这个过程中，光子的吸收效率大大提高了。所以，共振吸收可以增强材料的多光子电离程度，从而大量增加种子电子数目，随后其参与碰撞电离次数也随之增加。这种多光子电离的增强使得材料的阈值降低。

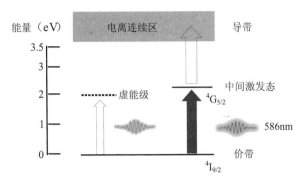

图 2-9 镨钕玻璃主吸收峰对应的电子能级跃迁

2.3.3 钬玻璃的选择性吸收特性

通过 LAMBDA750 型紫外分光光度计实测钬玻璃 HOB445 的吸收谱线如图 2-10。

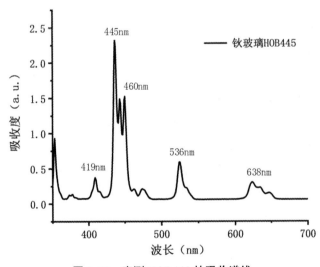

图 2-10 实测 HOB445 的吸收谱线

从吸收谱中可以看出 445 nm 为 HOB445 的主吸收峰。本实验中以 445 nm 为特征波长进行共振加工研究。同时为了将共振吸收波长和非共振吸

46

收波长间的烧蚀作对比，并以此为依据研究共振吸收对加工效率的影响，分析飞秒激光波长因素对加工效率的影响。根据吸收谱线，选择 445 nm 左右邻近的 400 nm、500 nm、550 nm 和 600nm 作为非共振吸收对比波长。实测这五个波长处的吸收率，见表 2–3。445 nm 激光光子能量便恰好等于掺杂钬离子的电子跃迁能级差，并发生能量耦合的共振效应，此时材料对激光的吸收率达到最大，能量的利用率最高，从吸收数值上可以看出其他四个非共振波长的吸收率相差不多，都较低，而共振波长的吸收率就高得多，是其他四个对比波长的近 6 倍。

表 2–3　钬玻璃在不同波长处的吸收率

波长 /nm	400	445	500	550	600
吸收率 /%	15.42	97.01	14.48	12.82	14.12

从能级跃迁来看，吸收谱中 419 nm 对应从 $^5I_8$ 到 $^5G_5$ 能级跃迁，460 nm 对应 $^5I_8$ 到 $^5F_4$ 能级跃迁，536 nm 对应从 $^5I_8$ 到 $^5S_2$ 能级跃迁，638 nm 对应从 $^5I_8$ 到 $^5F_5$ 能级跃迁。最大吸收峰 445 nm 对应的能级跃迁是从基态 $^5I_8$ 能级跃迁到中间激发态 $^5G_6$ 能级，其吸收能量正好就是 $^5I_8$ 到 $^5G_6$ 的能级差，如图 2–11 所示。钬玻璃吸收谱里的 445 nm 主吸收峰实际上就是 Ho^{3+} 的最强吸收峰。硅酸盐玻璃的禁带宽度为 3.5eV，在飞秒激光普通烧蚀过程中，种子自由电子的产生主要依靠多光子吸收。这需要吸收 2 个 445 nm 波长的光子才能使材料发生电离，价带电子需要先激发到虚能级，才能发生电离。当掺杂钬离子之后，钬离子中的价带电子可以通过共振吸收 445 nm 的光子的方式到达中间激发态，接着再吸收 1 个光子就可以完成电离。在这个过程中，光子的吸收效率大大提高了。所以共振吸收可以增强材料的多光子电离程度，从而大量增加种子电子数目，随后其参与碰撞电离次数也随之增加。这种多光子电离的增强使得材料的吸收率大幅提升。

所有的吸收峰都对应着相应的高能级和镨钕玻璃掺杂玻璃相同，该类玻璃在很宽的波长范围内的透过率都很高，吸收基本上可以忽略。只有在

Ho^{3+}特征吸收峰区域才有非常强的吸收。在波长445 nm的吸收非常强，相对于没有特征吸收峰的位置，在该吸收峰位置如此强烈的共振吸收，同样有利于选择在该波长附近进行飞秒激光的加工。

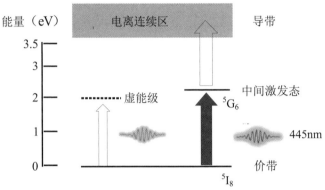

图2-11　钬玻璃主吸收峰对应的电子能级跃迁

2.3.4 飞秒激光与掺杂玻璃的共振吸收作用过程

镨钕玻璃是以硅酸盐玻璃为基材，掺杂稀土元素Pr和Nd而成的。钬玻璃是在纯净硅酸盐玻璃中掺入稀土金属元素Ho而成。Nd^{3+}决定了镨钕玻璃，Ho^{3+}决定了钬玻璃的选择性吸收特性，但其能带性质则基本与硅酸盐玻璃一致，带隙较宽，约为3.5eV。因而如果要实现激光束的线性吸收电离，入射光的波长必须等于或小于354.3 nm。而目前激光器多以红外和近红外波长为中心波长，比如实验室激光器的中心波长就是800 nm，要实现线性吸收很显然是不可能的；但是当激光束脉冲被压缩，直至压缩至飞秒量级脉冲宽度时，入射到靶材表面的激光功率密度可以高达10^{15} W/cm^2。如此高功率密度的入射激光可以激发价带中电子实现对光子的非线性吸收。根据镨钕玻璃的吸收光谱特性，可通过调节入射激光束的波长至共振波长处，让被加工靶材实现非线性共振吸收，从而使价带中大量价电子被激发至导带成为受激自由电子，进而形成高温高压的等离子体，并最终去除掉局部材料。

由于近红外光波段的单光子没有足够的能量将靶材中价带电子直接激

发到导带，因而飞秒激光烧蚀加工靶材时，首先需要多个光子的同时激励实现电子对入射光子能量的电离吸收。但是随着光子数的增多，多光子吸收的概率会随之降低。多光子共振吸收通过束缚电子先跃迁到稳定的中间激发态能级，然后再吸收光子跃迁到能带，通过分步跃迁方式来减少单步跃迁所需吸收的光子数，从而降低跃迁难度，提高价带电子的电离概率。多光子电离只是电子受激光光场直接激励产生光致电离，假如当入射激光光强足够强时，这种基于光场直接激励的电离方式将演变成隧道电离，所以合适大小的入射激光强度是实现多光子的共振吸收。

从 2.1 节的讨论知道，对于脉冲宽度 τ_p 为 120 fs（约 10^{-13}s）的超短脉冲激光，其各个物理过程的持续时间关系为 $\tau_{th} > \tau_t > \tau_p > \tau_e$，入射激光脉冲的持续时间远小于电子 – 声子耦合时间。此时转化的能量主要发生在基态电子吸收入射光子以及电子 – 电子耦合过程，而入射激光脉冲持续时间内电子通过辐射声子释放能量的弛豫和能量传递过程可以忽略。入射激光能量被靶材吸收的持续时间较能量传递至晶格的时间要短，因而解耦了能量吸收和晶格加热两个过程。此物理过程中的入射激光与固体物质的相互作用被限制在基态电子受激跃迁和储存能量中，激光辐照的热效应比较小。

导带中的自由电子数量随着雪崩电离的发生而急速增加，在靶材的被辐射区域形成了等离子体，有时固体表面的微小缺陷（微米级别甚至更小的缺陷）也会加速这一过程，当形成的等离子体密度达到临界等离子体密度，其固有振荡频率趋近于入射飞秒激光频率，高密度的等离子体将通过自由载流子进一步加强对入射激光剩余能量的吸收。此时处于临界密度的等离子体，其反射率只有几个百分点，因而入射激光的大部分能量都被等离子体所吸收。随着等离子体密度进一步增大时，入射激光能量的很大一部分将会被其反射回去，反射率增大，直到单脉冲激光持续完毕之后，能量才会从电子群中转移至晶格。这种所需时间远短于热扩散所需的时间的冲击式能量沉积方式导致靶材表面的烧蚀，或内部永久性的结构改变，或改性。

对于超短脉冲激光，光致电离在导带自由电子产生过程中起着非常重要的作用。激光脉冲的前部分脉冲将通过光致电子的方式激发自由电子为后部分脉冲发生雪崩电离提供种子电子。这种自产初始种子电子的方式使得超短脉冲激光加工相对于长脉冲激光加工，靶材中杂质电子状态对受激电子产生的影响就小得多，所以超短脉冲激光对靶材的损伤阈值一般会为一个确定的数值。

由于超短脉冲激光较长脉冲激光为达到靶材损伤的临界等离子体密度所需的入射激光能量更少，即沉淀在靶材表面或内部的能量更少，因而飞秒脉冲激光烧蚀镨钕玻璃过程中，较长脉冲激光能量在靶材中的沉积范围更为局限。越少越集中的能量局部沉积导致越精确的靶材烧蚀或改性，所以飞秒激光相对于传统长脉冲激光的加工精度要高。

由于飞秒激光烧蚀阈值的确定性和加工精度的出色性，使得飞秒脉冲激光成为一种极为理想的微纳加工手段。

2.4 本章小结

本章主要介绍了飞秒激光与物质相互作用过程、Nd^{3+} 和 Ho^{3+} 的能级及能级跃迁特点、实验研究对象镨钕玻璃和钬玻璃的光谱特性，并分析了飞秒激光共振烧蚀掺杂玻璃的多光子共振电离、雪崩共振电离、等离子体共振吸收的物理机制。①从物理机制上分析了飞秒激光与介质材料的相互作用的物理过程，阐述了共振吸收加工在飞秒激光加工中应用的可行性。接着分析了镨钕玻璃和钬玻璃作为实验对象的优点：主要是由于镧系元素的化合物具有丰富的能级结构，因此具有非常优异的光谱性能，同时由于核外 4f 电子被外层的已完全填充的 $5s^2 5p^6$ 屏蔽，性能稳定，不容易受到外界干扰，其光谱线具有单色性好、谱峰锐利、激发态能级的受激电子寿命长等特性，因而镧系掺杂玻璃非常适合用于飞秒脉冲激光加工。②对镧系稀土掺杂玻璃（镨钕掺杂玻璃和钬掺杂玻璃）吸收谱的具体特点进行了介绍，该类玻璃在镧系元素特征谱峰处的吸收远大于无镧系元素吸收特征峰的吸收，其中镨钕玻璃在对应于 Nd^{3+} 的跃迁能级 $^4G_{5/2}$ 的波长 586 nm 和对应于 Nd^{3+} 的跃迁能级 $^4F_{5/3+}{}^2H_{9/2}$ 的 807 nm 处，钬玻璃在对应 $^5I_8$ 能级跃迁到 $^5G_5$ 能级的 445 nm 处对入射光具有很强的吸收能力，这为飞秒激光加工时的选择性共振加工提供了基础。③详细分析了飞秒激光在加工镧系离子掺杂玻璃过程中的具体微观电离机制：飞秒激光首先通过多光子共振电离和隧道电离在导带中激发出自由种子电子，随后在雪崩电离的作用下使得导带中自由电子呈指数规律迅速增长，进而形成高浓度载流子的等离子体，等离子体将进一步吸收入射脉冲激光的后段能量，直至达到材料的损伤阈值，从而实现靶材局部的高精确微纳加工。

3 飞秒激光共振吸收效应作用下材料的电子动力学研究

在有限的量子系统中，当飞秒激光脉冲的频率和电离态的共振跃迁的频率调谐匹配时，便可以使检测的灵敏性和选择性加强，这是研究电离态光致电离动力学过程的最佳途径。在共振电离过程中，它允许测定电离电子的电离态，这为电离态的电子和振动特性提供了有价值的信息。此外，它还可以识别电离态中发生的动力学过程，以确定中性碎片电离或由限量子系统离子电离产生的电子。

由于超快激光的作用时间短到飞秒甚至阿秒、加工尺寸小到纳米，在时间短到飞秒和尺寸小到纳米时，量子效应非常明显，许多经典理论不再适用。因此，研究飞秒激光与材料的相互作用过程，需要运用量子力学的方法研究光子 – 电子的相互作用，研究超快激光束能的吸收、传递和转换机理以及光致效应等。为了在理论上解决这类问题，可以在单电子近似[119-121]数值下求解含时薛定谔方程，然而这种方法不适用于多电子系统的情况。由于含时密度泛函理论（Time-dependent Density Functional Theory，TDDFT）[122]在计算精度和计算时间上的优势，其成为描述超快激光与多电子体系材料相互作用的非线性、非平衡过程的计算方法中唯一而有效的方法。目前，含时密度泛函理论被成功地用于研究电子动力学，不仅针对孤立的原子和分子[123-125]，而且还用于超快激光脉冲作用下的团簇[126-128]和晶体材料[129-131]。

由于含时密度泛函理论和方法仅能计算由几个原子所组成的晶胞，其共振效应的理论模拟仅能针对原子或团簇，而对掺杂离子的晶体材料并不适合进行理论计算和仿真，不过其结论同样能够适合后续实验中所用实验材料的镧系镨钕离子和钛离子。因此本章以 Na_4 团簇为对象，采用含时密度泛函理论量子模型，利用第一性原理仿真研究共振效应的飞秒激光作用下材料电子动力学的变化过程，包括偶极反应、电子电离、光子能量的吸收、电子密度分布、电离概率等。

3.1 含时密度泛函理论

自从 20 世纪 60 年代，密度泛函理论建立，并在局域密度近似（Local Density Approximation，LDA）的基础上推导出 Kohn-Sham 方程以来，密度泛函理论成为凝聚态物理领域计算电子结构及其特性最有效的工具。密度泛函理论的核心是用电子密度来取代波函数成为研究的基本量，通过有效势下单电子的量子问题替换多电子体系，再经过自洽方程（Self-consistent）获得基态的电子密度和基态能量。根据密度泛函理论，体系的性质由电子密度的分布唯一确定，电子密度分布是只包含三个变量的函数，通过研究体系的性质可以大大减少计算量。

1984 年，由 Runge 和 Gross 及 Gross 和 Kohn 首先提出的含时密度泛函理论和含时局域密度近（Time-dependent Local Density Approximation，TDLDA）以新的方式定义了有效势和含时交换关联势，为较好地处理电离态和光学性质问题提供了新方法和新途径。含时密度泛函理论可以用来处理包括高强度超快激光脉冲下的原子体系的所有的含时多粒子问题。在这种情况下相互作用的粒子在非常强的含时外场下运动，必须进行非微扰量子力学描述。在含时密度泛函理论中，同样在势和密度间建立了一一对应关系，除了一个含时的常数，电子密度是决定势函数的唯一物理量，这样波函数就被决定了。这对于求解外场含有时间的电离态具有明显的优势，所以大量应用于光吸收、光电离、电子谱、光化学等的计算中。

对于 N– 电子量子系统，一组单粒子波函数满足了 TDKS 方程，使用了含时密度泛函理论来模拟激光与有限体系的作用，见式（3–1）、式（3–2）。

$$ i\hbar \frac{\partial}{\partial t} \psi_{i\sigma}(\vec{r},t) = \left[H_{KS}(\vec{r},t) + V_{ext} \right] \psi_{i\sigma}(\vec{r},t) \qquad (3-1) $$

$$n(\vec{r},t) = \sum_{\sigma=\uparrow\downarrow} \sum_{i}^{occ.} \left| \psi_{i\sigma}(\vec{r},t) \right|^2 \qquad (3\text{--}2)$$

其中 $n(\vec{r},t)$ 是电子密度，V_{ext} 是外势，而 $H_{KS}(\vec{r},t)$ 是 Kohn-Sham 哈密顿量，传统上是按式（3–3）这样分离，由以下几部分组成：

$$H_{KS}(\vec{r},t) = -\frac{\hbar^2}{2m}\nabla^2 + V_{ion}(\vec{r},t) + V_{Hartree}(\vec{r},t) + V_{xc\sigma}(\vec{r},t) \qquad (3\text{--}3)$$

e 是一个基本电荷，$V_{ion}(\vec{r},t)$ 是电子与离子间的作用势，$V_{xc\sigma}(\vec{r},t)$ 是交换关联势，而 $V_{Hartree}(\vec{r},t)$ 为哈特里势，其表征的是电子与电子之间的静电作用势，见式（3–4）。

$$V_{Hartree}(\vec{r},t) = e^2 \int d\vec{r}' \frac{n(\vec{r},t)}{\left|\vec{r}-\vec{r}'\right|} \qquad (3\text{--}4)$$

演化算法的选择是时间相关方法的关键。为了有效地描述实时电子波函数的演化，采用强制的时间反演对称算法[132]。一短周期 Δt 波函数的时间演化近似计算式（3–5）为：

$$\psi(\vec{r},t+\Delta t) = e^{-i\hat{H}_{KS}(t+\Delta t)\frac{\Delta t}{2}} e^{-iH_{KS}(t)\frac{\Delta t}{2}} \psi(\vec{r},t) \qquad (3\text{--}5)$$

在非线性激光与物质相互作用过程中，感兴趣的最相关的观测值是电子电离和偶极响应。在含时密度泛函理论中，对电离电子的评估依赖于基本的关系为式（3–6）。

$$N(t) = \int_V d^3r n(\vec{r},t) \qquad (3\text{--}6)$$

它把束缚态中剩余的电子数与有限体积内的电子密度联系起来。通过 $N(t)$ 可以计算出电离电子的总数为 $N_{esc}=N(t=0)–N(t)$。系统在有限时间内传播后，电子对 z 轴的偶极矩按式（3–7）计算[133]。

$$D(t) = \int_V d^3r z n(\vec{r},t) \qquad (3\text{--}7)$$

为了计算电离电子，采用吸收边界条件，将一吸收电势放置在系统外部的空间区域内。所需的吸收电势足够平滑地打开，以免引起波函数回到相互作用区域，但尽可能充分地在短距离内吸收流量，以提高计算效率[134,135]。

有几种类型的吸收电势，如 Mask 函数[136]，线性吸收电势[136-137]，复杂吸收电势[137]，等等。在许多以前的研究[137-138]中通常采用线性坐标依赖的吸收电势，通过使用不同原子和分子的模拟电离率与实验数据一致[139]。在实际模拟中，一个具有线性径向依赖性的球形吸收势被放置在量子有限系统外的空间区域[139]。针对孤立原子、分子和团簇的空间有限体系，在建立模型时在空间边界使用吸收势以吸收电离出来的电子，并将该吸收势添加到 Kohn-Sham 哈密顿量中。一个有效的吸收势不仅不影响波函数在自由空间的演化，而且能够完全吸收对于演化到空间边界的波函数。Mask 函数，Sin^2 函数和 Exact 函数是目前常见的吸收势函数。此处采用的吸收势为 Mask 函数，见式（3–8）。

$$-iW(r) = \begin{cases} 0 & (0 < r < R) \\ -iW_0 \dfrac{r-R}{\Delta R} & (R < r < R + \Delta R) \end{cases} \quad (3–8)$$

R 被设置在势垒区域之外。通过调整吸收电势的高度 W_0 和厚度 ΔR，可以仿真出从该区域飞出的电子。然而，高度 W_0 和 ΔR 宽度必须小心地选择以阻止反射。良好的线性吸收势的条件已经得到很好的研究。

Wentzel–Kramers–Brillouin 理论在参数之间提供如式（3–9）条件作为一个良好的吸收体[138,139]：

$$20\frac{E^{1/2}}{\Delta r\sqrt{8m}} < |W_0| < \frac{1}{10}\Delta r\sqrt{8m}E^{3/2} \quad (3–9)$$

其中 E 是吸收势区内粒子的能量。左边的不等式源于通量被充分吸收的条件，而右边的不等式来源于流量被很好地吸收，而左边不等式来源于不被吸收器反射的条件。

图 3–1 所示，该 Mask 吸收势将空间分为区域 A 和区域 B 两个区域：波函数可以在区域 A 中自由地演化：由于 Mask 函数的存在，演化到区域 B 的波函数将被完全吸收。同时，区域 A 和区域 B 之间的分界区域应该足够小，以保证演化到区域交界处的波函数不被反射回区域 A。

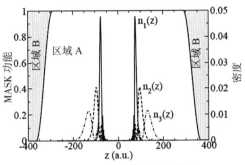

图 3–1   Mask 函数的空间分布

则加入吸收式的 Kohn–Sham 哈密顿量变为：

$$H_{KS}(\vec{r},t) = -\frac{\hbar^2}{2m}\nabla^2 + V_{ion}(\vec{r},t) + V_{Hartree}(\vec{r},t) + V_{xc}(\vec{r},t) - iW(\vec{r}) \qquad (3\text{–}10)$$

采用 Mask 函数的波函数随时间的演化变为：

$$\psi_k^A(z,t+\Delta t) = M(z)e^{(-i\hat{H}\Delta t)}\psi_k^A(z,t) \qquad (3\text{–}11)$$

使用上述含时密度泛函的方法，可以计算有限空间内激光作用过程中电子数的变化：

$$N(t) = \int_V d^3 r n(\vec{r},t) \qquad (3\text{–}12)$$

根据 $N(t)$，可以得到激光作用过程中电离的电子数：

$$N_{esc}(t) = N(t=0) - N(t) \qquad (3\text{–}13)$$

除了以上两个相关的观测值外，实验的一个重要环节可以通过计算在每一次它能电离的可能的电荷态的概率，来建立一个重要的实验联系。从计算中提取各种反应概率的最有利的方法之一是使用 Lüdde 和 Dreizler 式[140]。首先，对于特定的入射能量 E 和影响参数 b，将特定时间 Slater 行列式波函数在计算中表示为 $\psi(x_1...x_N;b)$，认为是从系统中总电子 N 中移出 n 个电子的概率。这是通过整合在目标离子周围空间 T 相对于 N–n 电子坐标 Slater 行列式的平方和 n 电子在空间面积 T 以外的空间面积的坐标给出的[141]，见式（3–14）。

$$P_n(b) = {}_N C_n \int_{\bar{T}} d^4 x_1 \cdots d^4 x_n \times \int_T d^4 x_{n+1} \cdots d^4 x_N \left| \psi(x_1,\cdots,x_N;b) \right|^2 \qquad (3\text{–}14)$$

式中（$i=1$，$\cdots$，N）表示了第 i 个电子的空间坐标和自旋坐标。上述概率可以用单电子矩阵元素来计算，为：

$$P_n(b)=\sum_{s(T^nT^{N-n})}\begin{vmatrix} \langle\psi_1|\psi_1\rangle_{\tau s_1} & \cdots & \langle\psi_1|\psi_N\rangle_{\tau s_1} \\ \vdots & \ddots & \vdots \\ \langle\psi_N|\psi_1\rangle_{\tau s_N} & \cdots & \langle\psi_N|\psi_N\rangle_{\tau s_N} \end{vmatrix} \quad （3\text{--}15）$$

其中 TS_i（$i=1$，$\cdots$，N）表示 T 或者 $\overline{T}$，$\tau_1,\cdots,\tau_N$ 而（$i=1$，$\cdots$，N）是包括自旋部分的单电子波函数。对 $s(\overline{T}^nT^{N-n})$ 求和后表明的所有可能序列应该被考虑在 $\overline{T}$ 出现 n 次、T 出现 $N-n$ 次的情况中。波函数 Ψ_i 的空间部分表示为 φ_i，这是在计算过程中在特定的时间 Kohn–Sham 方程的一种解决方法，其中概率可以通过式（3–16）获得。

$$P_n(b)=\sum_{s(\tau_1\cdots\tau_N:T^nT^{N-n})}\begin{vmatrix} \langle\phi_1|\phi_1\rangle_{\tau s_1} & 0 & \cdots & \langle\phi_1|\phi_M\rangle_{\tau s_1} & 0 \\ 0 & \langle\phi_1|\phi_1\rangle_{\tau s_2} & \cdots & 0 & \langle\phi_1|\phi_M\rangle_{\tau s_2} \\ \vdots & \vdots & \ddots & \vdots & \vdots \\ \langle\phi_M|\phi_1\rangle_{\tau s_{(N-1)}} & 0 & \cdots & \langle\phi_M|\phi_M\rangle_{\tau s_{(N-1)}} & 0 \\ 0 & \langle\phi_M|\phi_1\rangle_{\tau s_N} & \cdots & 0 & \langle\phi_M|\phi_M\rangle_{\tau s_N} \end{vmatrix} （3\text{--}16）$$

其中 $\tau_1,\cdots,\tau_N$ 指定计算矩阵元素时的空间区域的序列，M 是空间轨道的个数。

3.2 仿真模型参数的设置

在实际计算中，使用 Octopus 代码来进行含时密度泛函计算[142-144]，实现了高效的并行第一性原理计算。首先对 Na$_4$ 团簇进行了形状优化，Na$_4$ 团簇的计算和实验的吸收光谱、优化结构如图 3–2 所示。优化后的原子之间的距离分别为：11.44Bohr（Na$_1$ ~ Na$_3$）和 5.56Bohr（Na$_2$ ~ Na$_4$），该优化结果与实验得到的结果一致[145]。

图 3–2 中给出了计算的 Na$_4$ 团簇分别沿 x、y 和 z 轴方向及平均的光吸收截面，可以看到各方向的光吸收截面独立分布。在 x、y 和 z 轴方向上分别产生了不同的共振激发峰，该结果为通过共振吸收调节 Na$_4$ 团簇的电子动力学提供了重要的频率耦合参数。

模型的基本设置如下：采用一个半径为 30Bohr 球体盒子内的空间三维均匀网格来描述波函数，自旋极化的 Na$_4$ 团簇放在球框的中心。波动函数、密度和电势在实空间网格中被离散化。用 Troullier–Martins 守恒赝势[146] 来准确地描述离子核与电子之间的相互作用，并根据 Perdew–Zunger 交换相关泛函[147] 作用在时间相关的局域密度近似。$\Delta T=0.02a.u.$ 为时间间隔，$\Delta x=\Delta y=\Delta z=0.3$Bohr 为网格间距，确保了一个稳定的时间演化。在所有的计算中吸收电势半径 $\Delta R=5$Bohr。在盒子边界 $W_0=4$Bohr 的吸收电势用以保证在整个仿真过程中只收集电离电子。因为关注点是等离激源的频率范围内的电子动力学。当离子以较慢的速度移动时，激光与物质的相互作用期间的离子位置被冻结。然后通过使用量子系统平行于 x 轴的外部交流电场来表示激光辐射，每一个激光脉冲是共振频率为 1.86eV，脉宽为 50 fs 的高斯脉冲[148]。

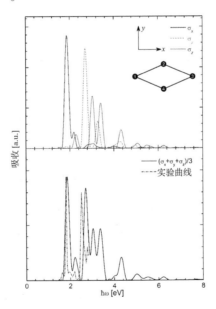

图 3–2　Na$_4$ 团簇计算和实验光吸收截面

3.3 共振效应对材料电子动力学的影响

3.3.1 共振效应下飞秒激光对材料的电离过程

采用激光与原子、分子和团簇相互作用模型，分析了 Na_4 团簇在非共振与共振频率的单、双脉冲飞秒激光作用下的电离过程，比较了共振与非共振情况下电子动态的差别。飞秒激光为 40 fs 的高斯脉冲，激光能量密度为 $1 \times 10^{12}W/cm^2$，激光频率分别为 4.13eV 和 1.86eV，激光沿 x 轴方向。

图 3–3 显示了在四种不同辐照条件下，外加激光脉冲电场的时间演化、沿三轴的偶极响应、电离电子和吸收能量。图左侧是光子能量为 4.13eV 的单、双脉冲飞秒激光辐照下 Na_4 团簇的 x、y 和 z 轴三个方向上的偶极矩、电离电子和吸收能量随时间的变化。电子偶极矩几乎完全符合经典模型上所考虑的整个时间间隔。与预期的非共振情况相同，沿 x 轴的偶极矩的振荡与激光轮廓密切相关，并在激光终止后消失。而与 x 轴上的偶极响应相比，y 轴和 z 轴只有轻微的扰动。分析图 3–3（b）可以看出：沿 x 轴方向上的偶极矩与激光光场非常吻合并遵循着激光包络振荡，呈现出典型的振子振荡行为；由于激光沿 x 轴方向，所以沿 y 轴和 z 轴方向的偶极矩只有非常小的微扰。在激光作用过程中，电离电子和吸收能量急剧地变化，吸收的总能量随着激光的作用振荡上升，电离电子和吸收能量变化最快的时刻对应着沿 x 轴方向偶极矩的最大值；由图 3–3（d）可以看出，吸收能量达到最大值后开始降低，这是由于在激光光场的牵引下，电子振荡到远离原子的位置需要吸收较多的能量，但是激光作用后未被电离的电子再次恢复到原平衡位置，之前吸收的能量被释放回来，因而导致吸收的总能量降低；在激光作用结束 80 fs 时，整个体系自由演化的末态，体系电离的电子数为 0.0407，吸收的总能量为 0.12eV。图 3–3 右侧为频率 1.86eV 的飞秒激光作用的结果，对应能够产生共振效应的情况。在激光作用的前 15 fs 和非共振情况非常类似，沿 x 轴方向上的偶极矩依旧与激光光场非常吻合并遵循着激光包络振荡；但是随着激光场强逐步达到最大值，该方向上的偶极矩不但没有上升，反而出现了非常明显的下降，这主要是由于被激光光场牵引出去的电子几乎都被电离，因而计算出来的偶极矩降低；22 fs 时，偶极矩在出现了局部的最小值后开始又一次的振荡上升，并在 26 fs 时达到了局部的峰值，这也对应着电子云与激光的频率出现共振效应的时刻；对比图 3–3（d）和图 3–3（i）可以看出，

共振情况下吸收的总能量达到最大值时没有降低，而是保持最大值不变；当激光作用后，沿 x 轴方向的偶极矩继续振荡，同时伴随着电子的继续电离，但是由于没有外在的能量加入，虽然电子依旧被电离但是体系的能量不再变化，这是共振效应区别于非共振的地方；在激光作用结束 80 fs 时，整个体系电离的电子数为 1.80，吸收的总能量为 14.14 eV，要高出非共振情况的结果近 2 个数量级。在非共振和共振情况下，相同总能量密度的双脉冲作用下，Na₄ 团簇吸收的能量、激发的电子较单脉冲情况下要小。电离电子的最陡斜率与最大偶极矩一致。一旦偶极信号降到零，电离最终会停止。值得注意的是，由激光场通过聚类吸收的总能量遵循相同的模式，这表明它与沿 x 轴的偶极响应密切相关。它能达到可观的振幅，但一旦激光照射消失，它也会消失。对于非共振双脉冲序列的情况，Na₄ 团簇的电子动态两倍于单脉冲情况下的结果，这在图 3–3（f）至图 3–3（h）得以显示。在 x 轴上的偶极矩有两个峰值和 / 或斜率，分别为电离电子和吸收能量。

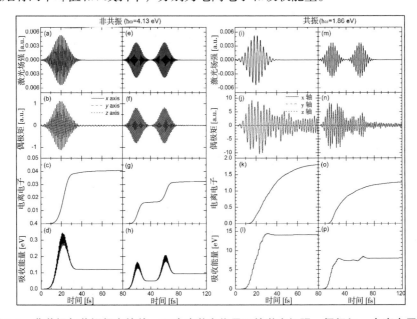

图 3–3　非共振与共振频率的单、双脉冲激光作用下的激光场强、偶极矩、电离电子和吸收能量随时间的变化，激光的能量密度为 $1 \times 10^{12} \mathrm{W/cm}^2$

3 飞秒激光共振吸收效应作用下材料的电子动力学研究

当激光器被调谐足够接近共振时，电子动力学的行为与不共振的情况有很大的不同，如图 3–3 右图所示。与非共振情况相比，这里的偶极子信号与脉冲波形没有明显的相似性。在激光电离开始时，沿 x 轴的电子偶极矩再次遵循经典模型，如图 3–3（j）所示。然而，即使在激光照射达到峰值之前它也会迅速下降到低于经典包络的情况。这反映出系统在这一刻开始迅速电离，从图 3–3（k）中可以看出。由于这种突然的电子损耗，偶极振荡显著衰减。经历了在 20.4 fs 时刻的最小值后，偶极开始再次增加，在23.5 fs 时达到一个局部最大值。这与残余电子云的集体振荡与激光共振的瞬间相吻合。激光器在 40 fs 的关断后，偶极振荡似乎获得了自己的寿命，并且持续了很长一段时间，这与经典振子模型相反。对于电子电离，电子响应的突然和定性变化发生在激光脉冲峰值附近，甚至在激光终止后仍然存在。对于吸收能量，它在 10 fs 附近迅速增加，在激光终止前稍早达到饱和值。如图 3–3（m）至图 3–3（p）所示。在共振双脉冲序列的情况下，系统的电子动力学没有明显的分离峰和 / 或斜率，特别是电离电子的行为。

3.3.2 单脉冲电子密度随时间的变化

图 3–4 显示了 Na_4 团簇在单脉冲不同时刻下 x–y 平面上的电子密度的变化。图 3–4（a）为 Na_4 团簇基态时的电子密度图。图 3–4 上侧为非共振激光作用过程中电子密度变化图，下侧为共振激光作用过程中电子密度变化图。从图中可以看出，在非共振情况下，基态的电子密度没有明显变化，这与偶极矩的轻微响应相对应。然而在共振情况下，电子云在一个激光周期中在原子核中间从最左侧向最右侧振荡，如图 3–4（f）至图 3–4（j）。此外，即使在激光作用完毕后，和偶极矩类似，电子云并没有保持稳定而是继续在原子核附近左右振荡。比较激光作用中和激光作用后，由于激光作用过程中部分电子被电离，所以在 t=68.92 fs 和 69.96 fs 时电子云较初始阶段颜色浅。如图 3–4（i）和图 3–4（j）所示。

图 3–5 为 Na_4 团簇在非共振与共振频率的单、双脉冲的激光作用下的不同电离概率，这里 P^{1+}、P^{2+}、P^{3+} 和 P^{4+} 分别代表 Na_4 团簇被电离了一

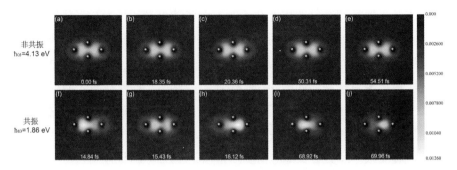

图 3–4　非共振和共振飞秒激光脉冲作用下的在不同时刻非线性单电离的 x–y 平面 Na$_4$ 团簇实空间电子密度变化

个、两个、三个和四个电子的概率。非共振单脉冲、非共振双脉冲、共振单脉冲和共振双脉冲四种情况下的激光作用后一价带电粒子的概率 P^{1+} 分别为 3.98×10^{-2}、3.18×10^{-2}、0.30 和 0.41；二价带电粒子的概率 P^{2+} 分别为 4.48×10^{-4}、2.77×10^{-4}、0.39 和 0.29；三价带电粒子的概率 P^{3+} 分别为 7.48×10^{-7}、2.49×10^{-7}、0.19 和 8.23×10^{-2}；四价带电粒子的概率 P^{4+} 分别为 3.39×10^{-10}、5.94×10^{-11}、3.29×10^{-2} 和 8.31×10^{-3}。由图 3–4（a）和（b）中可以看出：在两种非共振的情况下，电离出一个电子的情况占主导而其他高价带电粒子的电离概率情况几乎可以忽略不计；同时也可以看出，电离出一价带电粒子的趋势和 Na$_4$ 团簇电离电子曲线的趋势完全吻合，可以看到图 3–4（a）和（b）中的 P^{1+} 的曲线分别显示了图 3–4（c）和（g）中相应的电离电子的相近曲线；而当激光频率变为共振频率时，电离出高价带电粒子的情况开始逐渐出现并最终占据主导，在共振单脉冲激光作用后二价带电粒子的概率 P^{2+} 的情况占主导，而在双脉冲共振激光作用后一价带电粒子的概率 P^{1+} 仍占主导。

同样，当激光器被调谐到足够接近共振频率时，高电荷态开始发挥作用并相继出现，当激光在 40 fs 终止后，Na$_4^{2+}$ 成为单个共振激光脉冲照射下的主导状态，而单价电离仍在共振脉冲序列中占据主导地位，如图 3–4(c) 和（d）所示。

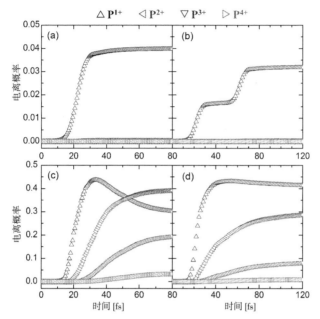

图 3–5　非共振与共振频率的单、双脉冲激光作用下的电离概率：（a）单脉冲，
$\hbar\omega$=4.13eV；（b）双脉冲，$\hbar\omega$=4.13eV；（c）单脉冲，$\hbar\omega$=1.86eV；
（d）双脉冲，$\hbar\omega$=1.86eV

3.3.3 共振与非共振下电离对材料的电子动力学参量影响的对比

表 3–1 显示了电离的电子、吸收的能量、每电离电子所吸收的平均能量以及 4 个激光辐照在 40 fs 作用后不同条件下的不同电离概率。与非共振情况相比，共振现象中所电离的电子和吸收能量的数量要高出近两个数量级，这主要是由于：①当脉冲数目增加，电离机制由隧道电离向多光子电离转变；②随着脉冲数目的增加，单个脉冲的能量密度变小。这主要依赖于由激光脉冲对集体振荡的电离产生的电离的共振增强。可以观察到在非共振情况下 P^{0+} 接近 1，而其他非共振电离概率很小，这意味着 Na$_4$ 团簇几乎没有电离具有很高的概率。在非共振和共振的情况下，电离的电子、吸收的能量和每个电离电子所吸收的平均能量在共振和非共振情况下从单脉冲到双脉冲都随着脉冲数的增加而减小。其主要原因是：①每个脉冲的

功率密度较低；②在第一激光脉冲照射后，该团簇处于充电状态，这将抵消第二脉冲的电场。从理论上讲，上面所讨论的结构清楚地描述了电子云的光谱特征是如何通过强电离和电子损失相结合而动态转移的，这意味着激光电离是具有频率选择性的。频率是飞秒激光电子动力学操控的最重要的参数之一。

表 3–1　40 fs 激光作用后的电离电子、吸收能量、电离电子平均吸收能量和电离概率

	$\hbar\omega=4.13eV$		$\hbar\omega=1.86eV$	
	单脉冲	双脉冲	单脉冲	双脉冲
电离电子数	4.07×10^{-2}	3.24×10^{-2}	1.80	1.27
吸收能量 /eV	0.12	9.33×10^{-2}	14.14	7.98
平均能量 /eV	2.95	2.88	7.86	6.28
P^{0+}	0.96	0.97	7.84×10^{-2}	0.21
P^{1+}	3.98×10^{-2}	3.18×10^{-2}	0.30	0.41
P^{2+}	4.48×10^{-4}	2.77×10^{-4}	0.39	0.29
P^{3+}	7.48×10^{-7}	2.49×10^{-7}	0.19	8.23×10^{-2}
P^{4+}	3.39×10^{-10}	5.94×10^{-11}	3.29×10^{-2}	8.31×10^{-3}

3.4 飞秒激光脉冲参数对共振效应的影响

3.4.1 脉冲能量比对共振效应的影响

图 3–6 为不同脉冲能量比的共振频率激光作用下 Na_4 团簇的激光场强、吸收能量、电离电子、偶极矩随时间的变化图。每个脉冲是一个共振的 50 fs 高斯波包，间隔时间为 50 fs（图 3–6 的上图所示）。总激光功率密度为 1×10^{12} W/cm^2，它的能量分布分别是 1:4、1:1 和 4:1。首先考虑一个被在不同功率密度下由两个脉冲组成的共振飞秒激光列爆炸照射的 Na_4 团簇非线性电子动力学的情况，其中第一脉冲为 2×10^{11} W/cm^2，而第二脉冲为 8×10^{11}W/cm^2（图 3–6 中左图所示）。在第一序列爆炸激发开始时，沿 x 轴的电子偶极矩与激光剖面完美吻合。沿 x 轴的电子偶极矩完全遵循激光轮廓，如图 3–6（d）所示。由于电子的突然损耗，即使在激光照射达到峰值之前，偶极振幅也会强烈地回到激光包络下方。在经过 34.2 fs 的最小值后，偶极再次开始增加，在 44.8 fs 时达到一个局部最大值。然而，这种局部振荡峰比第一个振荡峰低。然后，第二个激光激发突然发生，脉冲功率

密度达到 8×10^{11} W/cm^2，这个能量高到足以使偶极矩跟随激光轮廓。与第一脉冲的偶极响应相反，第二脉冲中的局域偶极振荡峰值高于第一脉冲。当能量分布为 1:1 或 4:1 时，这种现象逐渐改变。在这两种情况下，第二序列爆发时的偶极振荡变得非常微弱。激光终止后，在 1:4，1:1 和 4:1 的能量分布下，吸收的总能量分别为 4.987 eV、8.234 eV 和 13.972 eV。逃逸电子数分别为 0.921、1.259 和 1.802，每个受激电子平均激发电子能量分别为 5.416 eV、6.541 eV 和 7.753 eV。这一结果意味着，第一激光序列爆炸的能量密度直接影响共振吸收，而这可以通过调整能量分布来调节。在恒定的总激光功率密度下，第一脉冲的功率密度越高，吸收的能量越多，激发的电子越多。

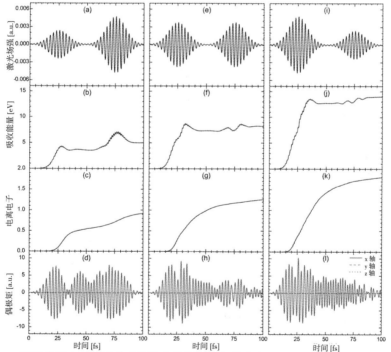

图 3-6 相同能量密度不同脉冲能量比的共振频率激光作用下的激光场强、吸收能量、电离电子、偶极矩随时间的变化：1:4（左图），1:1（中图）和 4:1（右图），总激光功率密度为 1×10^{12} W/cm^2

此外，该 Na_4 团簇电离概率在不同的能量分布作为时间函数如图 3–7 所示。函数 P^{1+}、P^{2+}、P^{3+} 和 P^{4+} 在这些曲线图分别表示了电离一价、二价、三价和四价电子的概率。图 3–7（a）中可以观察到 P^{1+} 和 P^{2+}，图 3–7（b）展示出图 3–6（c）和图 3–6（g）中分别相应的发射电子的相同曲线。在图 3–7（a）和图 3–7（b）中 1∶4 和 1∶1 的情况下，一价电离在整个激发过程中占主导地位，而图 3–7（c）Na_4^{2+} 则在 4∶1 的情况下占支配地位。

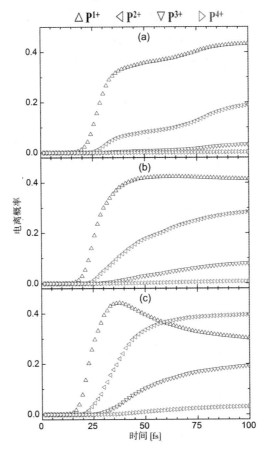

图 3–7　在不同的能量分布时间函数的电离概率：（a）1∶4；（b）1∶1；（c）4∶1

表 3–2 为不同脉冲能量比的共振频率激光作用后的电离电子、吸收能

量、平均吸收能量和不同电离概率。激光作用结束后，脉冲能量比为 1:4、1:1 和 4:1 的激光作用后，电离的电子数分别为 0.921、1.259 和 1.802；吸收的能量分别为 4.987 eV、8.234 eV 和 13.972 eV；平均到每个电离电子吸收的能量分别为 5.416 eV、6.541 eV 和 7.753 eV。通过分析可知，当脉冲能量比为 4:1 的情况比 1:1 和 1:4 的情况时的激光作用后，Na$_4$ 团簇电离的电子数目、激发时所吸收的总能量和平均每个电子所获得的平均能量较高。这表明第一个脉冲的能量高时，可以使共振效应充分地作用；而在 1:4 的情况下，第一个脉冲已经使体系开始振荡，第二个脉冲继续作用时，共振效应没有那么明显，所以电离的电子数和吸收的能量降低。

表 3–2　不同脉冲能量比的共振频率激光作用后的电离电子、吸收能量、平均吸收能量和电离概率

不同脉冲能量比	1:4	1:1	4:1
电离电子数	0.921	1.259	1.802
吸收能量 /eV	4.987	8.234	13.972
平均能量 /eV	5.416	6.541	7.753
P^{1+}	0.433	0.414	0.302
P^{2+}	0.190	0.285	0.396
P^{3+}	3.341×10^{-2}	8.093×10^{-2}	0.194
P^{4+}	2.041×10^{-3}	8.108×10^{-3}	3.152×10^{-2}

当不同波长的激光与介质材料相互作用时，由于不同波长的光子能量的差异会导致材料损伤阈值的不同，最终会造成即便在相同的单脉冲能量下也会产生不同的加工效果。

3.4.2 脉冲数目对共振效应的影响

先讨论相同总能量密度不同脉冲数目激光作用下 Na$_4$ 团簇的电子动力学的变化。图 3–8 为单脉冲、双脉冲、三脉冲和四脉冲共振频率激光作用下 Na$_4$ 团簇的激光场强、吸收能量、电离电子和偶极矩随时间的变化图。

激光的总能量密度为 1×10^{12} W/cm^2。每一个单脉冲均为高斯脉冲，频率为 1.86 eV，脉宽为 40 fs。

表 3–3 为不同脉冲数目的共振频率激光作用后的电离电子、吸收能量、平均吸收能量和不同电离概率。激光作用结束后，脉冲数目分别为单脉冲、双脉冲、三脉冲和四脉冲的激光作用后，电离的电子数分别为 1.483、1.259、1.175 和 1.064；吸收的能量分别为 19.921 eV、8.234 eV、6.556 eV 和 5.062 eV；平均到每个电离电子吸收的能量分别为 13.462 eV、6.541 eV、5.582 eV 和 4.757 eV。通过分析可知，当脉冲数目由单脉冲增加到四脉冲时，电离的电子数目、激发时所吸收的总能量和平均每个电子所获得的平均能量随着脉冲数目的增加而减少。这主要是由于随着脉冲数目的增加，单个脉冲的能量密度变小，当能量密度降低时电离率也降低。

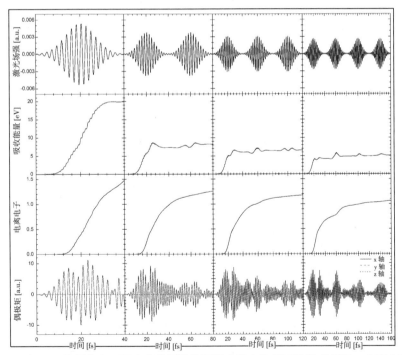

图 3–8   相同总能量密度不同脉冲数目的共振频率激光作用下的激光场强、电离电子、吸收能量和偶极矩随时间的变化

表 3–3 显示了激光终止后不同脉冲数的电离概率。从表中可以看出，在四种情况下一个价态电离占主导地位，随着脉冲数的增加，高电荷态的数目减少。激光作用后一价带电粒子的概率 P^{1+} 仍占主导。

表 3–3　不同脉冲数共振频率激光作用后的电离电子、吸收能量、平均吸收能量和电离概率

不同脉冲数	单脉冲	双脉冲	三脉冲	四脉冲
电离电子数	1.483	1.259	1.175	1.064
吸收能量 /eV	19.921	8.234	6.556	5.062
平均能量 /eV	13.462	6.541	5.582	4.757
P^{1+}	0.377	0.414	0.434	0.435
P^{2+}	0.336	0.285	0.269	0.233
P^{3+}	0.123	8.093×10^{-2}	6.129×10^{-2}	4.958×10^{-2}
P^{4+}	1.587×10^{-2}	8.108×10^{-3}	4.605×10^{-3}	3.627×10^{-3}

3.4.3 脉冲间隔对共振效应的影响

图 3–9 为不同脉冲时间间隔的共振频率激光作用下 Na_4 团簇的激光场强、吸收能量、电离电子和偶极矩随时间的变化图。显示了激光脉冲的电场的时间变化和在激光束照射下间隔时间为 100 fs（左图）和 150fs（右图）的 Na_4 团簇的电子动力学。在 50 fs、100 fs 和 150 fs 的间隔时间下，激光终止后逃逸电子数分别为 1.259、1.296 和 1.295。总吸收能量分别为 8.234 eV、7.741 eV 和 7.721 eV，每个受激电子的平均激发电子能量分别为 6.540 eV、5.973 eV 和 5.962 eV。研究发现，在激光与物质相互作用中，随着脉冲间隔由 50 fs 增加到 150 fs，较少的总能量和平均能量被吸收。一旦激光被调谐到与集体模式共振，能量吸收就会大大增强。这一结果意味着当脉冲间隔由 50 fs 增加到 150 fs，共振效应减弱，这主要是共振吸收时间延长的缘故。

表 3–4 为不同脉冲间隔的共振频率激光作用后的电离电子、吸收能量、平均吸收能量和不同电离概率。激光作用结束后，脉冲时间间隔分别为

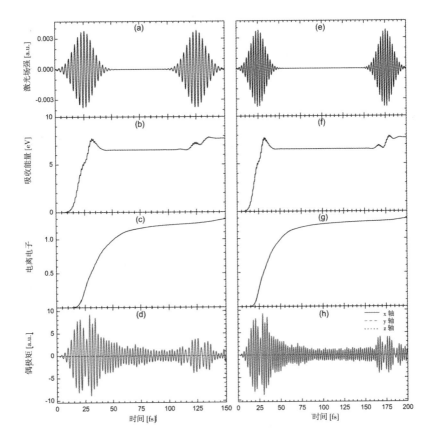

图 3-9　相同能量密度不同脉冲时间间隔的共振频率激光作用下的 Na₄ 团簇的激光场强、电离电子、吸收能量和偶极矩随时间的变化，分别是间隔时间为 100fs[图（a）至图（d）] 和 150fs[图（e）至图（f）]

0fs、40 fs、80 fs 和 120 fs 的激光作用后, 电离的电子数分别为 1.483、1.259、1.296 和 1.295；吸收的能量分别为 19.921 eV、8.234 eV、7.741 eV 和 7.721 eV；平均到每个电离电子吸收的能量分别为 13.459 eV、6.541 eV、5.973 eV 和 5.962 eV。通过上述数据可以发现：随着时间间隔由 0 fs 增加到 120 fs，电离的电子数、吸收的能量和平均到每个电离电子吸收的能量减少；同时发现，脉冲间隔为 80 fs 和 120 fs 的情况下电离的电子数和吸收的能量接近，说明共振效应已经饱和；脉冲时间间隔分别为 40 fs、80 fs 和 120 fs 情况下的电离概率也基本接近。数据还显示：不同脉冲数情况下一价态电离仍然占主导地位的结果相似，随着脉冲间隔的增加，高电荷态的数目减少。

表 3-4　不同脉冲时间间隔的共振频率激光作用后的电离电子、吸收能量、平均吸收能量和电离概率

脉冲间隔	0 fs	40 fs	80 fs	120 fs
电离电子数	1.483	1.259	1.296	1.295
吸收能量 /eV	19.921	8.234	7.741	7.721
平均能量 /eV	13.459	6.541	5.973	5.962
P^{1+}	0.377	0.414	0.408	0.408
P^{2+}	0.336	0.285	0.293	0.293
P^{3+}	0.123	8.093×10^{-2}	8.800×10^{-2}	8.803×10^{-2}
P^{4+}	1.587×10^{-2}	8.108×10^{-3}	9.381×10^{-3}	9.428×10^{-3}

3.4.4 相位对共振效应的影响

图 3-10 为不同相位的共振频率激光作用下 Na_4 团簇的激光场强、吸收能量、电离电子和偶极矩随时间的变化图。

表 3-5 为不同相位的共振频率激光作用后的电离电子、吸收能量、平均吸收能量和不同电离概率。激光作用结束后，相位分别为 0、$\pi/4$、$\pi/2$、$3\pi/4$ 和 π 的激光作用后，电离的电子数分别为 1.259、1.255、1.262、1.265 和 1.259；吸收的能量分别为 8.234 eV、7.257 eV、7.346 eV 和 7.414 eV 和 7.326 eV；平均到每个电离电子吸收的能量分别为 6.540 eV、5.781 eV、5.821 eV、5.862 eV 和 5.819 eV。通过分析可知，单激光相位为 0 时，电离的电子数、吸收的能量和平均到每个电离电子吸收的能量较其他情况高但差别不大，而在其他相位 0、$\pi/4$、$\pi/2$、$3\pi/4$ 和 π 的情况下电离的电子数、吸收的能量和平均到每个电离电子吸收的能量相差不大。

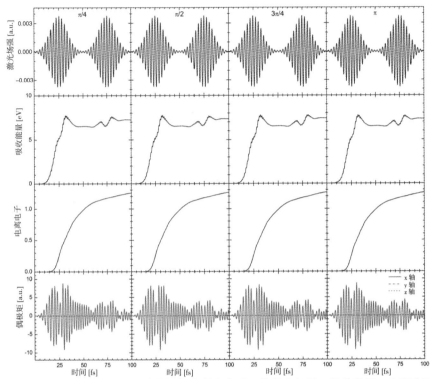

图 3-10 Na_4 团簇不同相位的共振频率激光作用下的激光场强、吸收能量、电离电子

和偶极矩随时间的变化

表 3-5 不同相位的共振频率激光作用后的电离电子、吸收能量、

平均吸收能量和电离概率

相位	0	$\pi/4$	$\pi/2$	$3\pi/4$	π
电离电子数	1.259	1.255	1.262	1.265	1.259
吸收能量 /eV	8.234	7.257	7.346	7.414	7.326
平均能量 /eV	6.540	5.781	5.821	5.862	5.819
P^{1+}	0.414	0.415	0.414	0.414	0.414
P^{2+}	0.285	0.284	0.286	0.287	0.285
P^{3+}	8.093×10^{-2}	8.019×10^{-2}	8.105×10^{-2}	8.168×10^{-2}	8.093×10^{-2}
P^{4+}	8.108×10^{-3}	7.971×10^{-3}	8.059×10^{-3}	8.181×10^{-3}	8.107×10^{-3}

3.4.5 偏振对共振效应的影响

图 3–11 为不同偏振的共振频率激光作用下 Na$_4$ 团簇的激光场强、吸收能量、电离电子和偶极矩随时间的变化图。

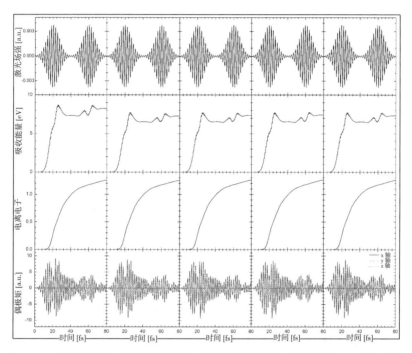

图 3–11 不同偏振的共振频率激光作用下的激光场强、吸收能量、电离电子和偶极矩随时间的变化

表 3–6 为不同偏振的共振频率激光作用后的电离电子、吸收能量、平均吸收能量和电离概率。激光作用结束后，偏振分别为 0、$\pi/4$、$\pi/2$、$3\pi/4$ 和 π 的激光作用的电离电子数分别为 1.259、1.255、1.262、1.265 和 1.259；吸收的能量分别为 8.234 eV、7.257 eV、7.346 eV、7.414 eV 和 7.326 eV；平均到每个电离电子吸收的能量分别为 6.540 eV、5.781 eV、5.821 eV、5.862 eV 和 5.819 eV。不同的偏振方向电离概率几乎无区别，同一偏振下的 $P^{1+} > P^{2+} > P^{3+} > P^{4+}$。这一点与脉冲相位对共振的影响规律是一样的。通过分

析可知，单激光偏振为 0 时，电离的电子数、吸收的能量和平均到每个电离电子吸收的能量较其他情况高但差别不大，而在其他偏振 π/4、π/2、3π/4 和 π 的方向下电离的电子数、吸收的能量和平均到每个电离电子吸收的能量相差不大。不管偏振方向怎么变化，电离概率几乎不变。以上理论结果说明偏振对共振效应的影响较小，该结论也将对实验有一定的指导作用。

表 3–6　不同偏振的共振频率激光作用后的电离电子、吸收能量、

平均吸收能量和电离概率

	0	π/4	π/2	3 π/4	π
电离电子数	1.259	1.255	1.262	1.265	1.259
吸收能量 /eV	8.234	7.257	7.346	7.414	7.326
平均能量 /eV	6.540	5.781	5.821	5.862	5.819
P^{1+}	0.414	0.415	0.414	0.414	0.414
P^{2+}	0.285	0.284	0.286	0.287	0.285
P^{3+}	8.093×10^{-2}	8.019×10^{-2}	8.105×10^{-2}	8.168×10^{-2}	8.093×10^{-2}
P^{4+}	8.108×10^{-3}	7.971×10^{-3}	8.059×10^{-3}	8.181×10^{-3}	8.107×10^{-3}

3.5 本章小结

本章介绍了超快激光与材料相互作用的基本原理、（含时）密度泛函理论量子模型以及对共振效应的含时泛函分析。

在本章的研究中，采用含时密度函数理论用来描述在 Na_4 团簇的共振飞秒激光脉冲作用下非线性电子 – 光子相互作用，讨论了脉冲能量分布、脉冲数、脉冲间隔、脉冲相位、偏振状态等激光参数对共振吸收的影响。计算表明，通过超快激光脉冲序列整形，共振效应和包括能量吸收、电子电离、偶极矩和电离概率在内的电子动力学都是可以控制的：①共振情况下，在激光与材料相互作用过程中电子电离伴随着偶极矩的强烈振荡；②共振效应下，材料的偶极矩、电子电离和吸收的能量都会显著增强，在相同能量密度的飞秒激光作用下，共振效应电离出的电子和吸收的总能量高

出非共振情况的结果近 2 个数量级；③在共振和非共振两种情况下电离电子数、吸收能量和平均吸收能量都会随着脉冲数增加而降低；④在非共振情况下团簇基本未电离并且高价电离概率几乎可以忽略不计，而在共振激光脉冲照射下高价态逐渐占据主导地位；⑤通过调控超快激光脉冲序列参数，可以控制光子吸收、电子电离、偶极矩和电离概率等材料的电子动力学。

4 飞秒激光共振吸收高效率加工 掺杂玻璃的实验研究

本章将用实验的方法研究共振吸收效应对降低烧蚀阈值和提高烧蚀效率的影响。①采用重复频率为 1kHz、波长可从 240 ~ 2600nm 连续可调的光参量放大器（OPA）出射光为加工光源聚焦在靶材表面，选用共振波长与多个非共振波长，分别改变入射光功率和脉冲数对镨钕玻璃和钬玻璃进行烧蚀打孔，通过对比孔径、孔深、孔体积分析共振效应下烧蚀阈值的降低和烧蚀效率的提高。②继续利用此光源，采用共振波长与非共振波长的单脉冲模式对镨钕玻璃和石英玻璃进行步进式打孔加工，对比不同位置下两种材料在不同波长下弹坑的深度变化，分析共振波长对加工效率提升的影响。③采用激光振荡源输出的可从 690 ~ 1040nm 改变输出波长的 80MHz 种子光和 OPA 输出的可以改变输出波长的 1kHz 出射光，分别对镨钕玻璃和石英玻璃进行刻蚀划线加工，对比两种不同重复频率下共振波长和非共振波长下刻蚀轮廓的长度，得出烧蚀阈值在共振波长下减小，说明共振效应可降低靶材烧蚀阈值，提高加工效率。

4.1 飞秒激光共振吸收加工光路及测试平台

4.1.1 飞秒激光加工系统

（1）飞秒激光器系统

实验室采用的是美国光谱物理（Spectrum Physics）公司生产的钛宝石固体飞秒激光器，其主要由振荡源 MaiTai、泵浦源 Empower（型号：ICSHC–30）和放大器 Amplifier（Spitfire Ace，型号：SPTF–100F–1K–ACE）三部分构成，见图 4–1。

图 4–1　飞秒激光器系统实物图

1）飞秒激光振荡级

MaiTai 出射种子光，其中心波长 800nm，输出波长可从 690 ~ 1040nm 调谐，见图 4–2。脉冲宽度 120 fs，脉冲重复频率 80MHz，IR Power 2.75，Pump Power 12.63W，最大输出功率 3W，最大单脉冲能量 20.6nJ，单脉冲能量很小。但是光斑半径仅 1mm 左右，所以其光线若直接打到有些光学器件上会引起器件的损伤，若单独使用种子光则必须先进行扩束处理。

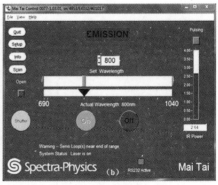

图 4–2　（a）MaiTai 实物；（b）MaiTai 操作控制软件界面

2）飞秒激光放大级

MaiTai 种子光与 Empower 出射的泵浦光同时被注入放大器 Amplifier 中，经放大器展宽、振荡［图 4–3（b）］、泵浦、压缩等一系列物理过程，将脉冲重复频率从 80 MHz 降低到最后所使用的 1kHz。放大器通过降低重复频率实现单脉冲能量的急剧放大。放大器输出的飞秒激光中心波长为 800 nm，半峰宽 12.3 nm（图 4–3（c）），可在 780 ～ 820 nm 波长范围内调谐，脉冲宽度为 120 fs，重复频率 1 kHz，见图 4–3（d），输出功率 3.6 W，单脉冲最大能量 3.6 mJ，输出光为高斯型光强分布的线偏振光。

3）光学参量放大器

为了满足实验室其他研究方向和课题的实验要求，放大器 Spitfire Ace 射出的激光束经半透半反镜将 2/3 的能量引入 OPA 中，故进入 OPA 的连续脉冲激光功率为 2.4 W，重复频率 1 kHz。入射光束在 OPA 内又被分成信号光和泵浦光。经反射后进入光学参量放大器（Optical Parametric Amplifier，OPA）（Topas Prime，型号：TP8F6）来调谐实验中所使用的飞秒激光的波长。可调谐波长范围为 240 ～ 2600 nm，输出功率 15 ～ 250 mW。脉宽 120 fs，高斯分布光强，见图 4–4（b）和图 4–4（a）。光学参量放大器基于参量差频和二阶非线性放大的原理见图 4–5。不同频率的两束光同时入射到非线性晶体上，一个频率为 $\omega_p = \omega_s + \omega_i$ 的超短泵浦光（Pump），一个频率为 ω_s 的较弱信号光（Signal），它们在非线性介质中发生差频，产生一个频率为 ω_i 的闲频光（Idler），同时泵浦光还可以对信号光的能量进行放大，还需用混频器进一步调节出射激光波长。泵浦光和闲频光的偏振方向相互垂直，通过偏振片将彼此分离开来。

如图 4–5 所示，一个频率为 $\omega_p = \omega_s + \omega_i$ 的超短脉冲在非线性介质中与一个频率为 ω_s 的较弱脉冲发生差频，产生一个频率为 ω_i 的新的飞秒脉冲闲频光，Topas 可调谐波长范围为 290 ～ 1640 nnm，可输出功率 6 ～ 250 mW。由中心波长在 800 nm 附近的掺钛蓝宝石晶体飞秒激光器泵浦，输出波长范围为 1140 ～ 1620 nm 的信号光与波长范围为 1600 ～ 2600 nm 的闲频光经过倍频、和频与差频过程，扩展到可调节波长范围到 240 ～ 1640 nm，脉

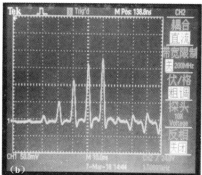

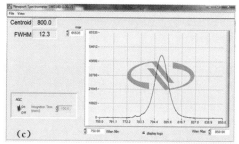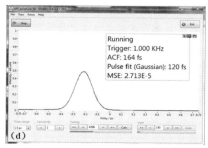

图 4–3 飞秒激光放大器实物照片及其相关谱图：（a）激光放大器实物；（b）飞秒激光放大器振荡放大波形图；（c）飞秒激光放大器出射光线光谱图；（d）飞秒激光放大器脉宽和频率测试图

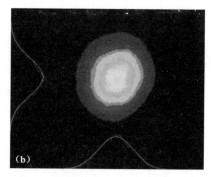

图 4–4 Topas Prime 实物及其典型光场分布图：（a）飞秒激光光学参量放大器 Topas Prime 实物；（b）Topas 典型光场分布图

冲能量为 6 ~ 250 μJ；120 fs 四倍频后闲频光（FHI）波长 395 ~ 480 nm，脉冲能量大于 15 μJ；四倍频后信号光（FHS）波长 240 ~ 405 nm，脉冲能量大于 6 μJ；二倍频后信号光（SHS）为 570 ~ 810 nm，脉冲能量大于 80 μJ；二倍频闲频光（SHI）为 790 ~ 1120 nm，脉冲能量大于 30 μJ；闲频光二倍频和四倍频的和频（SFI）为 530 ~ 600 nm，脉冲能量大于 60 μJ；信号光二倍频和四倍频的和频（SFS）为 470 ~ 535 nm，脉冲能量大于 90μJ。

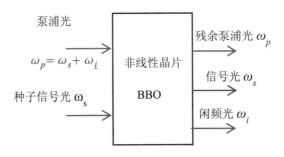

图 4-5 OPA 差频过程示意图

从图 4-6 Topas 调谐曲线可以看出很多波长段有两种输出模式，其能量差别较大，不过实际输出功率与商家提供的曲线有一定差别。例如，在镨钕玻璃共振实验中需要用到 586 nm 波长。Topas 提供了两种输出形式：二倍频信号光（SHS）、闲频光二倍频和四倍频和频（SFI）。其中和频光的光强和稳定性都比二倍频光要好，实测 SFI 输出功率可从 586nm 达到 225 mW，而 SHS 光的输出仅有 25mW。因此实验中选择 586nm 的和频模式输出，见图 4-7（b）。此时需要将混频晶体 Mixer Ⅰ 竖直放置（V），将混频晶体 Mixer Ⅱ 水平放置（H），分束镜 HRs 530 ~ 730 nm 字面朝上，拿掉 Topas 内 800 nm 全反射镜让 586 nm 激光通过。由于 Topas 入射激光能量的波动会造成一些和频、倍频光的波长产生细微的偏移。经实测，Topas 出射激光的实际波长与软件 WinTopas 里所设波长存在一定误差，因此在实验中除了通过软件进行激光波长的选择设定之外，还需要借用光谱仪对波长进行实时校正以确保输出的激光波长精确，尽可能地控制在实验允许的误差范围之内。

　　本实验所用激光为 400 ~ 846 nm 波长范围的可见光。当信号光和闲频光从 OPA 中输出后，用混频器通过两种不同的非线性过程进一步调节出射激光波长。具体过程如下：①通过 BBO 晶体的第一类相位匹配，实现信号光的倍频（SHS）以及闲频光与泵浦光的和频（SFI），得到 530 ~ 846 nm 波长范围激光；②通过 BBO 晶体的第二类相位匹配，实现信号光与泵浦光的和频（SFS），得到 400 ~ 530 nm 波长范围激光。直接操作 Topas Prime 的自带软件 WinTopas，并配合手动调节混频晶体 Mixer Ⅰ、混频晶体 Mixer Ⅱ、分束镜、800 nm 全反射镜，同时结合光谱仪进行监测和校准，即可实现对激光波长的自动控制，调节精度可达 0.1 nm。

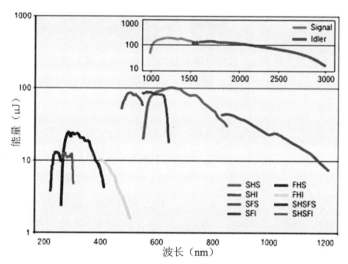

图 4-6　Topas 在 120fs，1mJ 泵浦光下的商家所提供的调谐曲线

　　Topas 工作过程复杂，需经频率的展宽、倍频、和频、差频等。虽只改变光束的波长参量，但需同时保证与其输入端激光的脉冲宽度、重复频率等参数固定不变。Topas 对入射光的质量要求很高：必须为标准的高斯基模光束，光斑直径不能超过 11 mm，输入波长为 780 ~ 820 nm，

实验中选择 800 nm。通过调节放大器 Amplifier 控制软件操作界面上的 PeakPower 来严格控制输入激光脉宽在 120 fs，设定 Amplifier 高压工作电流为 16.8A，同时反复调整 PeakPower 并用功率计监测 Topas 的输入激光功率最大，要求大于 2W，见图 4–7。表 4–1 描述了 Topas–prime 和混频器中的非线性晶体状态参数。

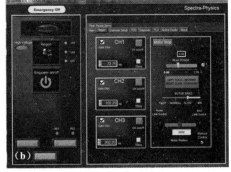

图 4–7　光学参量放大器 Topas 软件及激光放大器 Amplifier 软件操作界面：（a）Topas 输出 SFI 模式 586nm 激光；（b）Amplifier 软件操作界面

通过光谱仪检测 Topas 输出的 500 ～ 900 nm 中的一些代表波长的波段光谱，然后再进行拼合，可得到如图 4–8 所示曲线分布图。由图可知 850 nm 后波段激光光谱掺有少量 800 nm 波长的杂质光，而在 700 ～ 820 nm 波段激光光谱几乎不掺有杂质光，其光谱半峰宽也较为一致，约为 12 nm；而 550 ～ 620 nm，850 ～ 900 nm 段光谱纯度较差。图中光谱的高低由入射至光谱仪的激光光强决定，由于是通过多个波长的谱线拼合而成，故不需在意各波长的幅度，事实上各波长的光强大小并不影响光谱的纯度。

（2）飞秒激光实验光路

本研究中采用 Topas 出射光的所有实验光路如图 4–9 所示，从 Topas 出射的激光光束脉冲能量为 15 ～ 250 μJ，重复频率为 1 kHz。考虑到用于聚焦加工的激光光束需要较小的能量来保证加工精度，另一方面为了防止

表 4-1　Topas-prime 和混频器中的非线性晶体状态表

晶体编号	晶体	非线性过程	波长调谐范围及偏振方向	晶体布局	晶体旋转轴
#1F	BBO	S	1160 ~ 1600V(H*)	Topas-prime	V
#1BF	θ=28°	I	1600 ~ 2600H		
#2	BBO θ=23°	SHS	580 ~ 800H(V*)	Mixer Ⅰ	V(H*)
		SHI	800 ~ 1200V		H
		SFI	533 ~ 600V		H
#3	BBO θ=30°	SFS	480 ~ 533V	Mixer Ⅰ	H
#5	BBO θ=35°	SH(SHS)	290 ~ 400V	Mixer Ⅱ	H(V*)
		SH(SHI)	400 ~ 590V		V

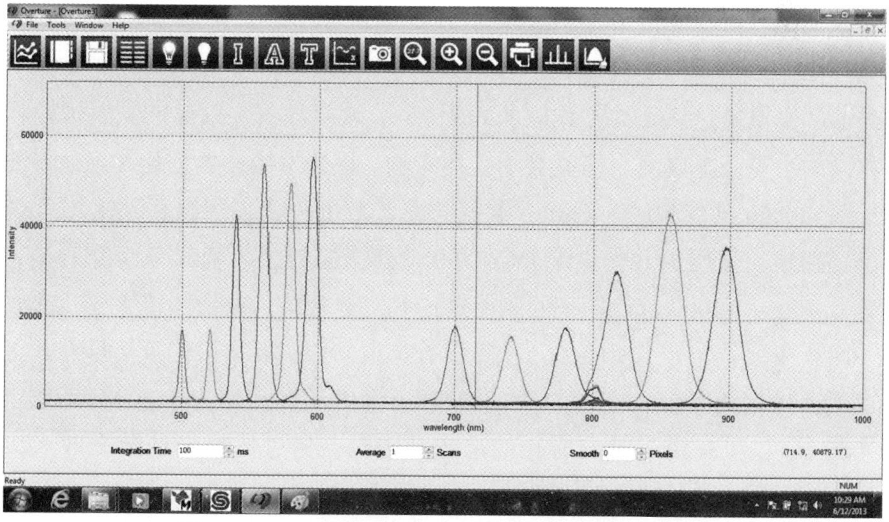

图 4-8　Topas 输出 500 ~ 900nm 波段激光的光谱图

传输光路中光学元件因损伤阈值过高而造成的损坏需要将入射光束进行能量衰减，必须采用滤光片、衰减片调节。光束经过中性密度滤光片 NDF 使脉冲功率衰减到 50 mW 以下。因为 Topas 输出的不同波长激光的能量差别较大，实测光束功率可以从十多毫瓦到三百多毫瓦。为了确保在更换波长中不烧坏功率计探头和聚焦物镜，可将两个衰减片光镜组合使用，出射光束首先经过一个固定好的衰减片使脉冲能量衰减到 30μJ 以下，然后再调节后面的衰减片以达到所需光强。手动调节连续衰减片 CF 的旋转角度，一边缓慢旋转衰减片，一边用光功率计检测物镜前端的功率值，让单脉冲激光能量在 0 ~ 20 μJ 的范围内连续变化，以满足实验加工过程对激光能量的需求。连续衰减片为大恒光电 GCC–3030 圆形中性密度渐变滤光片，在可见光到红外光区内可通过调整镜片的旋转角度，改变吸收 / 反射光与透射光的比例来改变透过衰减片后的光强大小，激光能量可调节范围为 1% ~ 90%，其衰减与波长无关，其使用不受波长限制。注意避免让光线穿过衰减镜片的最强与最柔交界线，以免影响光斑形状。由于 Topas 输出不同波长时的能量差别较大，故所用的衰减方式需做必要调整，以保证加工精度并防止在更换波长后更大能量的激光将传输光路中的光学元件损坏。经宽带反射镜 M_1、M_2 改变光束传输方向，再让在同一直线上传输的光束通过两个高度相同的光阑 I_1、I_2 水平准直，以保证光路传输在相同的水平面上以减小偏振对加工的影响。因为本实验在使用 Topas 将波长从 400nm 改变到了 846nm，覆盖的波长范围较宽，所以必须采用宽带全反射镜。采用的北光世纪 OCM300 系列镀保护银的金属平面反射镜，其在 400 ~ 12000 nm 波长范围内发射率大于 95%，损伤阈值大于 $1J/cm^2$（即算在种子光加工实验中，就算没有扩束，振荡器出射光直接打在其上也不会将其烧坏）。经 I_1、I_2 水平准直后再由反射镜 M_3、M_4、M_5 反射，光阑 I_3、I_4 和 I_5 用于对出射光的准直和限高。通过选择飞秒激光放大级 Amplifier 里的单脉冲出射模式（Single Shot），还是连续出射模式（Continuous Shot），同时控制光闸（Shutter）的开启时间就可以控制激光辐照时间，从而控制辐照到靶材表面的所需激光脉冲个数。Shutter 打开之后，光束再经全反射镜 M_3、M_4 反射，经 I_3、I_4 再次水平准直，经由二向色镜（Dichroic Mirror）垂直反射，再由 I_5、I_6 竖直方向准直，最后到达物镜 OB 聚焦到固定在三自由度精密移动平台的靶材上。实验中采用聚焦物镜（Olympus UMPLFL）的放大倍数为 10，数值孔径 NA 为 0.25。

在安装和调试光路过程中必须确保激光垂直通过光学器件的中心，光线途经反射镜反射时必须做到 45° 入射，这样才能避免自激光器出来的激光在传播过程中产生光斑和光强分布的畸变，从而影响实验效果和精度。

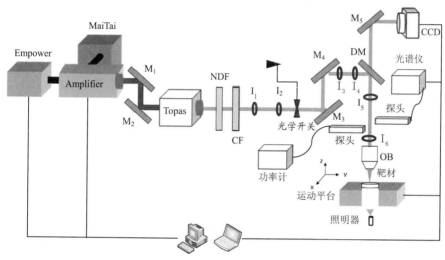

图 4-9　实验光路系统，NDF 为中性密度滤光片，CF 为连续衰减片，M 为反射镜，
I 为光阑，DM 为二向色镜，OB 为聚焦物镜

采用 Visual Basic（VB）编写程序精确控制运动平台的 x，y，z 轴方向的超高精度直线电机的转速、转向和步长实现聚焦调整和靶材移动，从而达到加工要求。与此同时二向色镜 DM 透过可见光，经 M_5 反射，CCD 通过白光照明用来调校加工前激光在靶材表面的聚焦情况，具体调校方法已在前面介绍。同时也可以用它实时监测样品表面的加工形貌以及监控加工过程。不过在步进式打点和倾斜运动划线的加工实验中不存在调焦的问题和难题。由于在实验中发现改变 Topas 的输出波长时，其控制软件上所设定波长与实际输出的波长存在一定差异，所以必须结合光谱仪监测，再通过 Topas 控制软件进行反复校对。同时在对 Topas 更换波长时，其出光端的两个分束镜的方向可能会发生改变，同时 Topas 内部的 800nm 全反射镜有保留和移开两种情形。所以在更换波长后将面临重新调试光路和聚焦，这给实验增加了大量的工作量。不过在采用振荡器种子光实验中就不存在

这个问题了。

（3）加工平台及相关设备

1）高精度三维运动平台

激光加工系统中所用光束要通过一系列光元件的传导来获取最后加工所需能场，光束的质量很大程度上取决于这些光元件位置的精度。所以一般很难通过改变光学器件的位置，改变光路以控制光束焦点的移动来实现对靶材的加工。而实际都是通过控制被加工靶材做反向运动来实现的。实验中采用靶材移动，光斑位置不动的方式进行打孔或者划线。其次，由于飞秒激光的功率密度很大，在加工拐点和断点处容易发生过度烧蚀，因而通常需要实现光束开关与载物平台运动的同步配合，实现协同耦合控制。

本实验研究中采用超高精度三维运动载物平台，x、y轴运动平台采用日本骏河公司生产的KXC12050–L，电机型号C005C–90215P，5相步进马达，额定电流0.75A/相，移动量50 mm，单向定位精度5 μm，重复定位精度为±0.3 μm，最大速率10 mm/s。z轴运动平台采用日本骏河公司生产的运动平台KXC06020–C，电机型号PMM33BH2–C16–1，5相步进马达，额定电流0.75A/相，其移动量为20 mm，单向定位精度为5μm，重复定位精度为±0.3μm，最大速率20mm/s。对三个运动平台进行总体协同控制的控制器为骏河公司型号为DS112MS的控制器，可实现行程范围内空间任意方向的直线运动，与此同时还可以同步控制关闸的开关和定时，实现平台运动与光闸动作的同步与协同。通过该装置可以很好地完成本实验中的聚焦光点打孔、步进式侧移打孔、倾斜划线三种加工形式。三维运动滑台性能参数如表4–2所示。

表4–2　骏河三维载物运动平台的性能参数

轴名	滑台型号	电机型号	行程/mm	单向定位精度/μm	重复定位精度/μm	最大速率/μm/s
x	KXC12050–L	C005C–90215P	50	5	0.3	10
y	KXC12050–L	C005C–90215P	50	5	0.3	10
z	KXC06020–C	PMM33BH2–C16–1	20	5	0.3	20

2）光闸及定时控制器

实验中需要得到 1、5、10、50、100、1000、1500 个等脉冲，这涉及脉冲数的改变，同时还常要实现对光束的开关控制，这些都必须由光闸来完成。实验室采用大恒新世纪元科技有限公司生产的型号为 GCI–73 的多功能精密电子定时器，定时器时间控制范围 1ms 至 2.8 h，定时精确度 1 ms，通光孔直径 12.5 mm，通过 RS232 或 USB 与计算机通信并接受控制。由于光闸是通过闸门做机械运动而开关光路，故精度受其机械行程、反应时间、定时精度的影响，所以当需要定时输出 100 个以下光子时，需要将放大器的激光重复频率降为 50Hz 或 100Hz，以增加光闸的动作时间，从而保证其脉冲数精度。单脉冲还得利用激光放大器 Amplifier 里的单脉冲模式才能精确实现。

4.1.2 激光和材料相关参数的测试

（1）激光及材料参数测试

在进行正式加工前须首先对激光功率、光谱图、光束轮廓质量、脉宽、加工靶材的吸收谱等参量进行测试和分析，确保实验处于应有的最佳实验状态。

1）激光功率的测量

为了计算出材料的烧蚀阈值，以及为了研究脉冲能量或脉冲能量密度、功率密度与加工结果之间的关系，必须准确地使用功率计测量出激光的实际功率。

实验室所用大功率计为美国 Spectra Physics 公司的 Newport 407A，连续测量的功率范围为 5 mW ~ 20 W，七个挡位，间歇测量不超过 30 W，最大功率密度 20 kW/cm^2。另一个高精度小功率计为以色列 Ophir Photonics 公司的 NOVA II 手持式功率计，波长范围 200 ~ 1100 nm，功率范围 20 pW ~ 300 mW。该探头具有自动本底减除功能，测量不受室内灯光的影响，功率计系统已内置波长校准工具。

在使用功率计时必须严格注意不要超过量程，同时选取合适的探头，确保测量的精度。特别是在采用种子光的实验中，尽管振动器种子光功率不大，但是因为光斑很小，禁止直接未经扩束而测量，否则很快就会烧坏探头。测量时尽量让入射光落在检测窗的正中央，且将探头固定好位置，以免探头晃动而影响表头读数。因为功率计响应时间需要 0.3 ~ 1 s，而飞秒脉冲激光的脉宽时间远小于该响应时间，所以它测到的实际是大量脉冲作用后的平均功率。故功率计并不能直接测得单个脉冲的能量，只能通过所测平均功率除以脉冲重复频率的方法计算得出单脉冲能量。

2）激光光谱的测量

在不同的波段应该采用不同的光谱仪测量材料的吸收谱线：分光光度计测量紫外光波长至可见光波长范围光；傅里叶红外光谱仪测量红外光波段光。所测量结果可直观地反映出材料对光的选择性吸收特性。吸收谱峰值处波长即为中心波长，其值取决于原子能级和固体物质的能带结构。实验室采用海洋光学（Ocean Optics）USB4U07746 型光纤光谱仪（Avantes），探头为 QP200–2–UV–07，可测光波长范围 358.9 ~ 574.6 nm；USB4U07780 型光纤光谱仪，探头为 QP200–2–VIS–NIR，可测光波长范围 594.4 ~ 1263.2 nm；测量精度小于 1nm。测到的激光放大器和 TOPAS 输出光光谱图见图 4–3。

3）光束轮廓的测量

使用光束质量分析仪（Beam Gage）来测量不同波长条件下激光束的空间能量分布，以对光束质量作出评价。本实验中采用的是 Spiricon 公司生产的激光光斑分析仪 BGS–USB–SP620U、硅基 CCD 相机（SP620U），测量波长范围 190 ~ 1100 nm，相机显示像素 1600×1200，最大测量光斑大小 7.1 mm × 5.4 mm，自带三片滤光片，接口方式 USB2.0。该仪器损伤阈值低，故在测量时必须在光路中采用多次衰减，确保进入光束仪的光束强度尽可能小，确保 CCD 免遭其打坏。同时由于其像素大于束腰半径尺寸，故不能用其测量束腰半径。通常情况下，从激光器出射的激光光束形状和经过物镜聚焦后远场激光的光束形状都会严格服从高斯分布。但是当激光光束能量不稳定或者由于反射镜的非 45° 反射会导致光束呈现不规则的形状分布，这时可以用光阑对光斑形状作出适当限制。图 4–10 为 Topas 586 nm 波长和 MaiTai 807 nm 波长的光束三维轮廓图。从图 4–10（a）中可以看出种子光质量很好，而图 4–10（b）中 Topas 的光束质量相比就差了很多，但是从其包络线看出仍然是高斯分布曲线。这是由于从振荡器 MaiTai 到 Topas 经历了很长的一段光路，受到了很多光学器件对光线传播的影响。同时还有一个更重要的原因是本实验室的激光器的使用年数导致了激光光学性能下降，故本实验中将 Topas 的输出光采用光阑予以适度限制光斑大小。

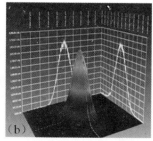

图 4–10　光束质量轮廓图：（a）Topas586nm 波长光束；（b）MaiTai807nm 波长光束

4）激光脉宽的测定

飞秒激光的脉冲宽度定义为脉冲高度 50% 的全脉冲宽度（FWHM）。本实验所用为德国 APE 公司生产的 PulseCheck USB 自相关仪，型号 15。波长范围 260 ~ 2400 nm，扫描范围 150 ~ 15 ps。其光学系统类似于迈克尔逊干涉仪。它把时间的测量转换为长度的测量，把光脉冲形状的测量转换成相关函数波形的测量，其半宽度的时间间隔即为脉冲宽度。所测脉宽曲线见图 4–3（d）。

5）靶材吸收谱测量

在进行共振效应的实验研究时，首先必须了解靶材的吸收特性，确定具有选择性吸收的特征波长，选择实验用的共振波长和非共振对比波长等。这就必须精确测得靶材的吸收光谱图。掺杂玻璃的共振吸收实验在不同的波段需用不同的测量仪器、测量方法来测定材料的吸收光谱。在红外光波段应该使用傅里叶红外光谱仪，能够真实、清楚地反映出材料对光的选择性吸收情况，其测量结果会更好。而在紫外光至可见光波长范围内可以使用分光光度计。本研究实验中所用的镨钕玻璃和钬玻璃吸收谱和透射谱全部由美国 PerkinElmer 公司的 LAMBDA750 型紫外分光光度计测得。其标准测量波长范围为 190 ~ 3300 nm。由于其波长范围已经足够覆盖实验中所用的全部波长，故选择该设备测试。该分光计可采集超高质量的数据，采样方便。所测谱图见图 2–8、图 2–10。

（2）聚焦物镜焦点的校准

加工材料前必须利用激光的焦点进行作用，因为焦点处的能量密度最高，刻蚀能力最强，光斑半径最小，加工精度最好。所以在每次开始加工时，先将样品放置在加工平台上，认真反复调整物镜和加工平台位置，确保激光束能够精确聚焦在加工靶材表面。理论上即物镜焦点为一个几何点，但是因为物镜存在聚焦深度，使得样品在几微米范围内看似都位于焦点位置，所以在每次实验之前，为了精确起见，应该精准调整焦点位置好几遍。

具体做法是：先反复调整入射光线与加工靶材表面垂直，确保运动平台在加工过程中能让调好的靶材表面位置始终处在焦点的被加工位置，而不至于让靶材表面沿着光线方向发生前后移动。调整好入射光与靶材加工平面垂直之后，再调整靶材被加工平面始终处在聚焦物镜焦点位置。打开光快门 Shutter，再调节连续衰减片的角度，使脉冲能量在逐渐降低的过程中，使用初步调整的粗聚焦的激光束在玻璃样品表面画直线，借助已经聚焦清晰的 CCD 观察烧蚀材料表面刻痕的变化情况，再慢慢将激光能量减少到恰好达到玻璃的烧蚀阈值。然后再来回调整物镜和样品表面之间的距离，此时靶材表面处光斑面积将发生改变，随之而来的也会改变加工处激光能量的密度。假如激光焦点刚好位于加工平面上，当移动加工平台改变物镜和样品间距离，不管往哪边移动，光斑面积均会增加，因此激光能量密度必会减小而低于烧蚀阈值，烧蚀不会再发生。细致反复调节必能找到精准的聚焦电离点，重新微调 CCD 镜头聚焦，使镜头中的成像最清晰，以便进一步精准观察。按理激光的焦点位置已经固定，CCD 一经被调好后就应不要再动了，可是由于物镜聚焦光线会存在一定长度范围的聚焦深度，样品偏离焦点在几微米内都看似位于焦点。此外还有一种确定焦点的方法是一边划线一边沿着光线方向移动加工平台（也就是做倾斜运行划线），仔细观察是否出现一段恰好可以画出痕迹的线段，再根据直线移动的侧移和前进的距离计算出线段中点，该中点就是物镜所对应的焦点位置。

（3）对加工后靶材的测试分析

激光的加工效率多通过在线观测加工过程和对加工后的结果进行观测。前者主要通过泵浦探测和 CCD 观察加工中产生的等离子体的动态膨胀过程、飞行时间质谱仪捕获烧蚀离子信号强度，分析出材料的加工效率。该方法对设备和设施要求较高，实施难度较大，超出了实验室现有的条件。但是通过对加工后的靶材采用扫描电子显微镜、原子力显微镜、共聚焦显微镜、光学显微镜等仪器观测其形貌、孔径、孔深、孔体积以及刻痕的长度、宽度、深度等物理量，然后再根据相应理论进行计算，得出加工效果和效率的分析，该方法相对简单易行。在本实验中，采用后者方法进行材料加工效率和表面形貌的对比研究。

1）场发射扫描电镜

扫描电子显微镜（SEM）是观察加工样品表面微观形貌的首选工具，使用它可以精确测量出烧蚀坑边缘的几何尺寸，并可以分析烧蚀坑的局部特征。本研究采用的 SEM 为捷克产 TESCAN MIRA3 LMU 场发射扫描电镜。它用于固体材料的表面微观形貌观察，分辨率可达到纳米级；放大倍数为 $3.5 \sim 10^6$。

2）原子力显微镜

原子力显微镜（AFM）是分析单脉冲烧蚀坑的首选工具，因为它有非常高的水平和垂直方向测量精度，所以经常用来测量浅坑、弹坑的形貌特征、深度和体积。本实验中所用 AFM 为美国 Veeco 仪器公司生产的型号为 Dimension Icon 的原子力显微镜。其分辨率 0.1nm，扫描范围 $90\mu m \times 90\mu m \times 10\mu m$，可以通过它对单脉冲加工所形成的弹坑高精度地测量其深度和直径。

3）激光共聚焦显微镜

德国 Zeiss 公司生产的型号为 Zeiss Axio LSM700 的激光共聚焦显微镜，

可对集成电路、微颗粒、线材、纤维、表面喷涂等激光三维成像，可对粗糙度，高度差，体积等进行测量；标准光学放大倍数：50 ~ 1500；扫描分辨率：最小 4 μm × 1 μm，最高 2048 μm × 2048 μm，可连续调节；z 方向聚焦精度 10 nm 或 25 nm，最小可达 1nm；最大测量样品高度 63 mm，最小可测量高度 20 nm。本实验中所有多脉冲均可用其测量孔径和深度。由于其最小聚焦精度可达 10 nm，故也可以测量 1 μm 以下的浅坑。

4）光学显微镜

光学显微镜（OM）用于粗略观察烧蚀后样品表面形貌，以及测量烧蚀坑的直径。本研究所用的 OM 为 Nikon 80i 正置显微镜，其最小读数 1μm，五挡物镜，可以通过显微镜自带的照相机在电脑显示屏上记录下观测到的图像结果，并可测量尺寸数据。

对于不同深度尺寸的孔或槽，所使用的测量仪器不一样。当通过脉冲能量足够大的激光脉冲烧蚀材料时，垂直入射的激光会在材料内部形成深径比较大的微孔或微槽，此时通过光学显微镜就可以清晰地观察到微孔的形貌并测量出相应尺寸；但若采用较低脉冲能量、较少脉冲数的激光加工时，则仅会在材料表面形成很浅的弹坑，此时光学显微镜已无法观测出弹坑尺寸，需要通过高分辨率高精度的扫描电子显微镜（SEM）、原子力显微镜（AFM）或共聚焦显微镜在高倍下观测其弹坑形貌、孔径和孔深。

4.2 材料烧蚀效率的表示方法

4.2.1 束腰半径定义

高斯激光的束腰是指光束中平行传输方向的最细小处。束腰半径是指从高斯光的横截面观测，以中心最大振幅处为原点，振幅下降到原点处的 1/e 倍（0.36788 倍），光强下降到原点处的 $1/e^2$ 倍（0.13534 倍）处的圆半径。光束在传播方向的各处的半径包络线是一个双曲面，该双曲面有沿着轴向对称的渐近线。当高斯光束远离束腰处远处沿传播方向成特定角度扩散，该角度即是光束的远场发散角，也就是一对渐近线的夹角，它与波长成正比，与其束腰半径成反比：束腰半径越小，光束发散角越大，发散越快；反之束腰半径越大，光束发散角越小，发散越慢。

束腰处的峰值功率密度按照半径平方的反比变化，随着束腰半径的减小，束腰处峰值功率急剧增大，所以同样输入功率的激光光束即使在束腰半径发生微小的变化时也会引起高斯光束在整个空间光强分布的很大变化，它是影响高斯光束空间光强分布最主要的因素。不同倍数物镜聚焦后的光束束腰半径不同，不同波长的光束束腰半径也不一样，不同的输入聚焦物镜的光斑大小也将改变输出激光的束腰半径。光束在传播方向的功率密度则随远离束腰处传播距离的增大而急剧减小，导致光束不同位置加工靶材存在明显的差异。

人们采用理论计算所得结果与真实值相差甚大，学术界对束腰半径的数值多采用实验的方式来获得。扫描针孔、刀口、狭缝、Ronchi 刻尺法、散斑位移法、等距三点采光测量法等[149-151]是目前对高斯光束束腰半径测试的几种常用方法。但是采用这些方法所需仪器众多、光路搭建复杂、实验操作难度大。

4.2.2 烧蚀阈值定义

通过观测加工的结果来表征烧蚀效率常用参量烧蚀阈值、烧蚀体积、烧蚀深度等。其中烧蚀阈值是指材料被激光烧蚀时刚好发生不可逆破坏，造成永久改性所需的最低单脉冲单位面积能量，用 F_{th} 表示，单位为 J/cm^2，它取决于聚焦光斑面积和所加激光能量。大量研究和实验均表明：烧蚀阈值越低，材料越容易被加工，在相同激光参数条件下，去除量也越大，加工效率越高。所以烧蚀阈值可以很好地表征飞秒激光的加工速率、加工效率和烧蚀的难易程度。

测定材料烧蚀阈值的常用方法有以下几种：①通过显微物镜和 CCD 监视器观测和监控样品表面的烧蚀情况；②采用原位散射光探测法，观察是否出现等离子体；③通过外推法求出烧蚀阈值。根据不同能量激光烧蚀出的弹坑的直径，利用烧蚀面积与激光强度的对数成线性关系外推至 $D=0$，从而求得材料的烧蚀阈值，该法为当今最通用的烧蚀阈值求解方法，为绝大部分学者采用，得到了同行的一致认可；④通过测量刻槽后得到的烧蚀轮廓包络线的轮廓尺寸，推算烧蚀阈值。前两种方法实施起来受到实验条件的限制，有一定难度。本实验中针对聚焦后打孔加工直径采用数值计算外推法，针对划倾斜槽和渐进打孔加工则采用烧蚀轮廓包络线法。

4.2.3 孔径数值计算外推法测束腰半径和烧蚀阈值

高斯光束的峰值能量密度的计算公式如式（4–1）所示：

$$F_0 = \frac{2E_0}{\pi\omega_0^{\,2}} \qquad (4\text{--}1)$$

式中，E_0 是激光单脉冲能量，ω_0 为束腰半径。因为 F_0 随 ω_0 的负二次方变化，所以光斑半径 ω_0 的测量对峰值能量密度的测算的精确性影响就非常大，故根据聚焦光斑面积计算得到能量密度的精确度主要取决于光斑半径的测量。对于高度聚焦的光束，由于光斑尺寸太小，而 CCD 的像素受限，故无法直接使用 CCD 测量光斑半径。Liu 引入了一种简便的方法，对于单脉冲的烧蚀阈值 F_{th} 可以通过测量烧蚀坑的直径 D 再推算出束腰半径 ω_0 并同步可以得出烧蚀阈值。因为烧蚀坑的直径与入射脉冲能量之间存在式（4–2）的关系：

$$D^2 = 2\omega_0^{\,2} \ln\left(\frac{E_0}{E_{th}}\right) \qquad (4\text{--}2)$$

式中 E_{th} 指材料被激光烧蚀时发生不可逆破坏，造成永久改性的最低脉冲能量，即脉冲阈值能量。逐步降低脉冲能量 E_0，并依次测量对应的烧蚀坑直径 D，通过 D^2 与 $\ln E_0$ 之间进行最小二乘法线性拟合。坐标曲线中当 $D=0$ 时与横轴的交点所对应的能量值即为阈值能量 E_{th}，其斜率等于 $2\omega_0^{\,2}$，取决于束腰半径，所以通过该拟合直线就可以反推出各种波长下的阈值能量 E_{th} 和束腰半径 ω_0，最后将它们代入式中即可求出烧蚀阈值 F_{th}。

$$F_{th} = \frac{2E_{th}}{\pi\omega_0^{\,2}} \qquad (4\text{--}3)$$

当单脉冲能量超过错铷玻璃的烧蚀阈值时，材料表面会形成两个不同的特征区域，对应着两个不同的物理作用过程：烧蚀和熔化。如图 4–11（a）所示，从形貌特征上区分，烧蚀坑可以分为内部具有圆形特征且轮廓清晰的烧蚀区和外部具有喷射状的特征且轮廓模糊的熔融区两个形貌不同的部分。单脉冲烧蚀阈值的外推计算中就面临烧蚀坑两个不同区域的尺寸供选择：内部烧蚀区域的直径，还是外部熔融区域的直径。

图 4-11（b）所示为用共聚焦显微镜观测 586 nm 单脉冲烧蚀镨钕玻璃的孔径所得到的拟合曲线。通过实验测试和拟合后发现：不论选择哪个区域测量烧蚀坑直径，再用外推方法求得束腰半径和阈值能量，计算出的聚焦光斑直径都是 3.18 μm。由此可以看出烧蚀区域直径的不同选取并不会影响束腰半径的最终计算。从图中也看出两条拟合直线完全平行，说明它们的斜率一样，故算出的 ω_0 相等。

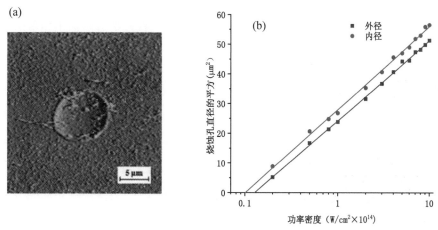

图 4-11　（a）单脉冲烧蚀镨钕玻璃表面特征；（b）单脉冲烧蚀区和熔融区的
最小二乘拟合

　　故不论选择内直径还是外直径均不影响烧蚀阈值的求得。同时从图 4-11（a）中还可以清楚地看出内部烧蚀区边缘形貌要比外部熔融区更为清晰，因此，宜选择清晰的烧蚀区的直径来进行测量，并用来计算单脉冲时烧蚀阈值。

　　由于能量的累积效应，当多脉冲对靶材进行烧蚀时，在镨钕玻璃表面烧蚀出的不再是弹坑，而是深孔。在光学显微镜下观察到的是深色的圆孔。可是有时候由于材料表面不平整，烧蚀坑的形状会呈现出椭圆形，其直径就分为长轴和短轴直径，这时候需要对式（4-2）式（4-3）变形，将公式分为两个部分，代表长轴和短轴（$i=maj,min$）方向。D_i 分为长轴和短轴直径，ω_i 也分为长轴和短轴聚集光斑半径。无论长短轴方向，烧蚀阈值 E_{th} 应该是相等的，计算束腰半径的公式变为式（4–4）：

$$D_i^2(N) = 2\omega_i^2 \ln\left(\frac{E}{E_{th}(N)}\right) \tag{4–4}$$

计算烧蚀阈值的公式变为式（4–5）：

$$F_{th}(N) = \frac{2E_{th}(N)}{\pi\omega_{maj}\omega_{min}} \tag{4–5}$$

图 4–12（a）为多脉冲烧蚀镨钕玻璃所形成的矩阵孔形貌图，图 4–12（b）为根据烧蚀孔的长轴和短轴数据所拟合得到的孔直径平方与加工能量对数的线性拟合曲线图。

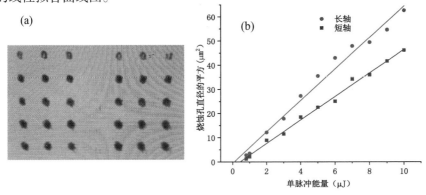

图 4–12 　（a）多脉冲烧蚀镨钕玻璃的孔状；（b）椭圆烧蚀坑的长、

短轴的最小二乘拟合

4.2.4 两微孔法测束腰半径及烧蚀轮廓法测烧蚀阈值

利用基模高斯光束在光斑半径以内的激光功率为一定值的这一特点，可以巧妙地测量基模高斯光束的束腰半径。基模高斯光束的空间光强 I（x,y,z）分布如式（4–6）[152]，

$$I(x,y,z) = I_0\left(\frac{\omega_0}{\omega_z}\right)^2 \exp\left[-\frac{2(x^2+y^2)}{\omega_z^2}\right] \tag{4–6}$$

式中 z 为光束传输轴线方向的位移，x,y 为垂直于 z 方向的平面内的

二维坐标，为空间任意一点的激光功率密度，也叫光强，I（0,0,0）表示束腰中心点处 ω_0 的激光功率密度。ω_z 为场振幅减小到中心值的 $1/e$，光强降低到中心值的 $1/e^2$ 时的光斑半径，ω_0 为束腰半径。

在光斑半径的闭环区域 S 内对空间光强分布进行积分得式（4–7）

$$P_{\omega_z} = \iint\limits_S I(x,y,z)dxdy = \int_0^{2\pi}\int_0^{\omega_z} I_0\left(\frac{\omega_0}{\omega_z}\right)^2 \exp\left(-\frac{2r^2}{\omega_z^2}\right)\cdot rdrd\theta = \frac{\pi\omega_0^2 I_0}{2}\left(1-e^{-2}\right) \qquad （4–7）$$

式中 $P_{\omega z}$ 为 z 处光斑半径 ω_z 以内的激光功率，r 为垂直于光轴的径向位移，S 为半径为光斑半径的闭环区域，θ 为在 S 面内以光束轴线为圆点的角位移。

在光斑半径所在平面内对式（4–7）进行无穷积分得入射激光光束的功率 P_0，如式（4–8）。

$$P_0 = \int_0^{2\pi}\int_0^{+\infty} I_0\left(\frac{\omega_0}{\omega_z}\right)^2 \exp\left(-\frac{2r^2}{\omega_z^2}\right)\cdot rdrd\theta = \frac{\pi\omega_0^2 I_0}{2} \qquad （4–8）$$

结合式（4–7）由式（4–8）可知激光光束传播方向上任意位置 z 处，光斑半径 r 以内的激光功率 $P_{\omega z}$ 约为入射激光功率 P_0 的 86.466%，如式（4–9）所示。

$$P_{\omega_z} = \left(1-e^{-2}\right)P_0 \approx 86.466\%P_0 \qquad （4–9）$$

光束束腰半径与 z 处光斑半径之间的存在如式（4–10）所示的关系，通过式（4–11），测量两组 $0.86466P_0$ 下不同位置不同大小光斑半径 ω_2 和 ω_1，以及在光束传播方向上的两处的相对位移 z_1 和 z_2，即可推算出高斯光束的束腰半径 ω_0。

$$\omega_z = \omega_0\sqrt{1+\left(\frac{z\lambda}{\pi\omega_0^2}\right)^2} \qquad （4–10）$$

$$\left(\sqrt{\left(\frac{\omega_2}{\omega_0}\right)^2-1} - \sqrt{\left(\frac{\omega_1}{\omega_0}\right)^2-1}\right)\frac{\pi\omega_0^2}{\lambda} = z_2 - z_1 \qquad （4–11）$$

式中 λ 为入射激光波长。

（1）两微孔法实验测量束腰半径

按照图 4-13 所示，假如让激光光束聚焦后再通过一个小尺寸圆孔光阑来截取，并使透过小孔的出射功率为入射激光功率的 86.466%，那么光斑半径 ω_z 即为该位置处的圆孔的半径。

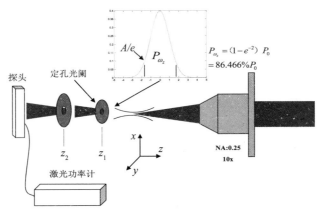

图 4-13　两微孔法测量光束束腰半径装置示意图

具体测试过程和步骤：

①调整好光束功率大小，确保在聚焦物镜聚焦后焦点处不发生空气电离。采用高精度激光功率计 PD300-UV-ROHS 测量通过物镜聚焦后的全部激光功率 P_0，测量时注意从远到近靠近焦点，确保光束全部打在探头上又不至于烧坏探头，禁止让探头处在焦点处；在物镜的后方测量的好处是可以不要考虑物镜和小孔传播后所产生的能量损耗。②由于光阑的精度对测试结果的影响很大，本实验中的光阑采用激光旋切系统烧蚀加工两个 Φ1.0 mm、Φ3.0 mm 定值孔径小孔。若光阑厚度太大，则其不能代表光束的每一个位置点，本实验中采用的光阑材料为钛箔，厚度为 0.1 mm。又因光阑太薄，容易导致变形和不平整，故需要固定在支撑件上以保证其平整度。同时不能采用太大的激光强度，以免烧蚀小孔边缘，影响小孔尺寸和形状，影响孔径精度。③将两个不同孔径的定值光阑固定在高精度三维运动平台的同一平面上，并将其置于焦点之后；调整俯仰角度使光阑所在平面严格

垂直入射光线；由于高斯分布光束在中心点光强很高，而往外围光强衰减迅速，尤其是在光斑半径 ω_z 附近，故需在垂直于光传播方向的 xy 平面（如图 4–13 坐标系）内左右上下微调光阑位置，直至透过光阑的激光功率最大，此时让光阑沿 z 向微动，功率计不会发生明显的变化，这样就可以认为光阑的轴线与光束轴线基本重合；再沿传播方向调整光阑位置，使通过微孔后的激光功率为 $86.466\%P_0$，记下此时的光阑孔位置 Z_1（或 Z_2）。④垂直于入射光线侧移光阑平面，更换成另一个孔径光阑，重复步骤③，记下此时的光阑孔位置 Z_2（或 Z_1）。⑤代入式（4–11）计算。

（2）烧蚀轮廓尺寸测算烧蚀阈值

通过式（4–12）可以确定垂直于光轴的径向位移 r 与该处光强降低到中心值的 $1/e^2$ 时的光斑半径 ω_z，再结合公式（4–10），再根据基模高斯光束的空间光强分布、烧蚀阈值 F_{th}、光束束腰半径可求出对应于烧蚀阈值的激光光强空间包络曲面。并可通过式（4–13）求得光束传输方向 z 坐标的取值范围内的最大值 Z_m。

$$r = \omega_z \sqrt{-\frac{1}{2}\ln\left(\frac{\pi F_{th}\omega_z^2}{2P_0}\right)} \qquad (4\text{–}12)$$

$$Z_m = \frac{\pi\omega_0^2}{\lambda}\sqrt{\frac{2P_0}{\pi F_{th}\omega_0^2}-1} \qquad (4\text{–}13)$$

式中各变量含义同式（4–8）、式（4–9）、式（4–10）、式（4–11）。

若靶材的烧蚀阈值已知，可通过以上方法逐点计算并绘制出该包络线。通过 VB 将以上计算方法编程，其计算界面如图 4–14 所示。

例如：波长 586 nm，脉宽 120 fs，束腰半径 3.18 μm，重复频率 1 kHz，靶材的烧蚀阈值为 10.37×10^{12} W/cm^2（1.245J/cm^2），则其烧蚀阈值包络线如图 4–14 所示。烧蚀阈值的任何一个沿着轴向的空间包络截面形状都如 ∞ 形，为一个空间轴向对称的立体结构，因而可用任何一个轴向截面（包络线）表示包络面。

假如通过靶材沿着光线传播方向做既前进又侧移的倾斜运动让激光烧

蚀加工靶材，那么靶材上就会得到一条烧蚀痕迹轮廓线，该轮廓线就反映了激光加工时在靶材表面留下的相应烧蚀阈值包络线。图 4–14 右框区域为 586 nm 加工镨钕玻璃时的烧蚀痕迹轮廓包络线。

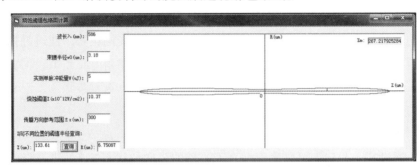

图 4–14　靶材烧蚀阈值包络线计算软件界面

假如能够通过测量出靶材加工轮廓线的径向尺寸 r，再利用式（4–12）反向推算出式（4–14），或者通过测得轮廓线的轴向最大尺寸 Z_m，再利用式（4–13）反向推算出式（4–15），就可以算出靶材的烧蚀阈值 F_{th}。由于在实际测量中 Z_m 比 r 更好测，测量精度更高，故本实验中全部采用式（4–15）测算烧蚀阈值。

$$F_{th} = \frac{2P_0 e^{-2r^2/\omega_z^2}}{\pi \omega_z^2} \qquad (4\text{–}14)$$

$$F_{th} = \frac{2P_0}{\pi \omega_0^2 \left[1 + \left(\dfrac{Z_m \lambda}{\pi \omega_0^2} \right)^2 \right]} \qquad (4\text{–}15)$$

4.2.5　烧蚀效率的其他表征形式

除了烧蚀阈值之外，也可以直接测量烧蚀坑、孔、槽的体积、深度来表征激光的烧蚀效率，这样更为直观反映。烧蚀体积可以通过单个或者若干个脉冲数作用在材料上形成的微孔（打点情况下）或者微通道（刻槽情况下）的体积来近似获得。当激光的脉冲能量足够大时，垂直入射的脉冲会在材料内部形成深径比较大的微孔或较深的凹槽，通过共聚焦显微镜甚至光学显微镜即可清晰地观察到微孔和凹槽的形貌并测量其尺寸，计算出体积；后续实验中就用到了烧蚀坑深度、单位脉冲烧蚀坑深度、烧蚀坑体积来表示烧蚀效率。需要注意的是当脉冲数较少，脉冲能量较低时，激光只会在材料表面形成"浅浅的弹坑"或者"浅痕"，此时必须通过扫描电子显微镜（SEM）或者原子力显微镜（AFM）来分别观测其形貌和深度。

4.3 共振吸收高效率烧蚀镨钕玻璃实验及其结果分析

4.3.1 镨钕玻璃的光学特性

本实验选取由南通银兴光学有限公司生产的，掺杂了镨、钕元素氧化物的选择吸收型光学玻璃片镨钕玻璃，型号为 PNB586，尺寸为 20 mm × 20 mm × 1 mm。表 4-3 为商家提供的 PNB586 玻璃特性参数表，图 4-15 为商家提供的透射光谱图。从光谱图中可以看出在可见光波段存在有 586 nm 的主吸收峰和 807 nm 的次吸收峰。

表 4-3 PNB586 玻璃特性参数表

| 型号 | 厚度 /mm | A[2856k] | | | D65 | | | 化学稳定性 | | ND | $\alpha 10^{-7}$ /℃ | Tg /℃ | Ts /℃ | S |
		x	y	Y	x	y	Y	DA	DW					
PNB586	2	0.453	0.384	52.7	0.297	0.307	52.2	2	1	1.537	90	598	669	2.81

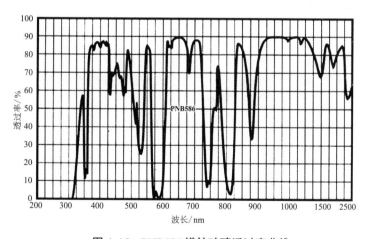

图 4-15 PNB586 镨钕玻璃透过率曲线

4.3.2 实验内容及步骤

首先按照前述加工前测试和调试要求，做好一切准备工作，使得激光器和光路的各项参数达到实验要求并力求指标最优。利用光学参量放大器OPA调节激光波长分别输出500 nm、550 nm、586 nm、650 nm和700 nm五种波长。针对每一波长，逐次将激光功率从0.5 mW增大到12 mW，依次采用1、5、10、50、100、500、1000、1500个脉冲数，利用聚焦物镜后的激光焦点在镨钕玻璃表面进行打孔加工。为了确保相邻烧蚀孔之间不出现重叠，孔距设为30 μm。本实验通过改变波长、激光能量、脉冲数等研究共振吸收对加工效率的影响。

选取不同脉冲数时分为三种情形：①单脉冲，将放大级的输出定为手动单点模式，其间始终打开光闸；②当脉冲数的个数小于100时，因快门的精准响应和动作时间最小也得100 ms，其控制精度1 ms，势必带来10%以上的相对误差，故无法达到1 kHz下脉冲数的必需精度，所以需要将放大级重复频率调整为100 Hz，再设定光学快门的打开时间；③当脉冲数大于100时，直接针对放大级出射的重复频率1 kHz的激光脉冲，使用光学快门控制所需脉冲数即可。

加工完之后采用超声波清洗器对靶材进行清洗，去除其上留下的加工中的飞溅物，再选用合适的测试仪器进行观测。

依照烧蚀孔的孔径、深度、体积数据分别对烧蚀阈值、单位脉冲数下的加工深度或单位脉冲数下的加工孔直径、单位能量下的去除体积等指标进行分析，对比共振烧蚀与非共振烧蚀之间加工效果的差异。

4.3.3 共振效应对烧蚀孔径的影响

根据所测得的各烧蚀孔直径数据得到图4–16为波长586 nm的激光烧蚀镨钕玻璃在不同脉冲数作用下烧蚀孔直径的平方与单脉冲能量的对数间对应关系的拟合直线。

从图4–16（a）可以看出三个规律：①不同脉冲数下的拟合直线相互平行。这可以从之前的阈值求解推导中得到解释，因为其斜率取决于光束的束腰半径，脉冲数的改变不会改变束腰半径大小；②随着脉冲数的增加，烧蚀孔径增大，但是其增速下降，当脉冲数达到 500 以上，拟合直线接近重合，说明孔径最终会接近某饱和值；③随着脉冲数增大，拟合直线与横轴的截距逐渐减小，说明与之对应的烧蚀阈值在逐步减少，当脉冲数增加到 500 之后，烧蚀阈值变化很小，当达到 1000 个脉冲后烧蚀阈值将会接近定值。

图 4-16（b）表示采用 500 nm、550 nm、586 nm、650 nm、700 nm 五个不同波长激光的单脉冲模式对错钕玻璃进行烧蚀打孔所得到的孔径的平方与入射光单脉冲能量的拟合曲线。图中五根直线的倾斜度可以说明随着波长的增加，入射激光的束腰半径增大。又从各拟合直线与横轴的截距可以看出：在相同单脉冲能量激光下，共振波长 586 nm 的烧蚀孔径最大，说明该波长对烧蚀孔径具有明显的共振吸收效应。

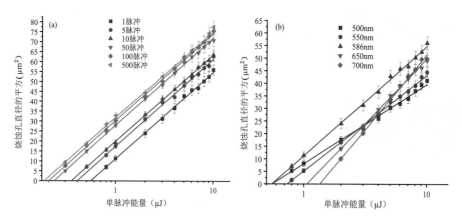

图 4-16 错钕玻璃烧蚀孔直径的平方与单脉冲能量的变化关系：（a）共振波长
586 nm，不同脉冲数；（b）单脉冲数条件下，不同波长烧蚀

4.3.4 共振效应对烧蚀深度的影响

通过测量烧蚀孔的深度可以快捷和直观地判别加工效率的高低。由于决定激光加工效果的是功率密度，而非功率，所以在后续讨论中采用功率密度作为变量进行研究。

将加工好的错钕玻璃片经超声波清洗器清洗后，多脉冲烧蚀孔可用共聚焦显微镜测得孔度，单脉冲烧蚀孔最好用原子力显微镜测得，也可以用可达 10 nm 精度共聚焦显微镜的高倍物镜测量。图 4–17 为烧蚀深度曲线与烧蚀孔形貌图。图（a）为共振波长 586 nm 分别在 1.06×10^{14} W/cm²、2.14×10^{14} W/cm²、6.36×10^{14} W/cm²、12.72×10^{14} W/cm² 功率密度作用下烧蚀孔深随脉冲数的变化趋势。图中可以看出 50 个脉冲之前曲线线性很好，从 100 个脉冲开始，烧蚀孔增加减缓并逐步进入饱和。同时还可以看出随着功率密度增大，烧蚀孔深增加，曲线的饱和值也增加，但是当达到 6.36×10^{14} W/cm² 功率密度时饱和值增长减慢，并趋于一致。

图 4–17（b）为 2.12×10^{14} W/cm² 功率密度，500 nm、586 nm、650 nm 的烧蚀孔深图，可以看出 586 nm 的孔深大于另外两个波长的数值，说明共振效应对孔深有显著效果。同时随脉冲数的变化规律同 586 nm 的完全一致。这是由于在功率密度较小时，电离概率会随功率密度的增加而增加，但是当增加到一定时候，等离子会阻碍光子能量的进一步传入，故孔深增幅减小，最后趋于稳定。

图 4–17（c）表示三个波长激光在 12.72×10^{14} W/cm² 的作用下三根曲线的饱和段基本重合，说明此时共振效应消除。由于孔深随脉冲数变化曲线的起始段呈线性增长的规律，故可以利用该段的斜率，得出单位脉冲的烧蚀孔深，并用此表征烧蚀速率。

图 4–17（d）即为共聚焦下显微镜下所拍烧蚀孔的形貌及测量数据照片。

图 4–18（a）就是根据上述烧蚀效率的定义得出的不同波长随功率密度的变化曲线。从曲线可以看出线性段的烧蚀效率随着功率密度增大而增大，当功率密度继续增大，则烧蚀孔深趋于饱和，那么单位脉冲的孔深增量也将趋为零，所以烧蚀效率曲线必然趋于水平。从图中还可以看出：当功率密度小于 14.84×10^{14} W/cm² 时 586 nm 激光的烧蚀效率大于其他非共振波长，其他波长的随波长的减小而增大，但是当功率密度达到 14.84×10^{14} W/cm² 时，586 nm 激光的烧蚀效率开始落后于 500 nm 激光的烧蚀效率，变成与 550 nm 激光加工效果相当，这说明孔深共振效应已经完全消除，此时只取决于光子能量大小。

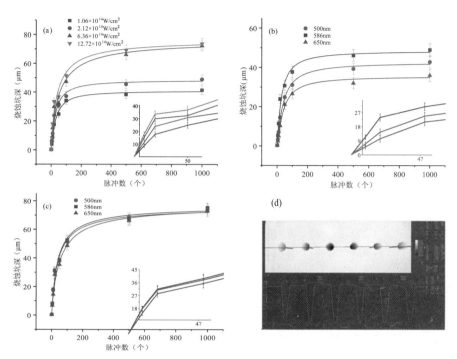

图 4-17　（a）共振波长 586 nm、不同功率密度下，烧蚀孔深度随脉冲数变化；在不同波长、不同功率密度激光下烧蚀孔深度随脉冲数变化对比；（b）$2.12 \times 10^{14} \mathrm{W/cm^2}$ 功率密度下各波长的烧蚀深度；（c）$12.72 \times 10^{14} \mathrm{W/cm^2}$ 功率密度下各波长的烧蚀深度；（d）共聚焦显微镜下所拍烧蚀孔的形貌及测量数据照片

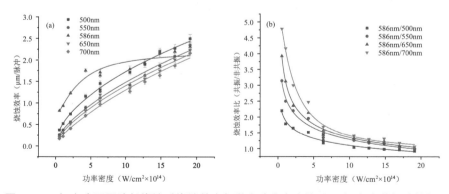

图 4-18　（a）在不同波长烧蚀时烧蚀效率与激光功率密度关系；（b）在共振波长与非共振波长烧蚀下烧蚀效率比随激光功率密度的变化

图 4-18（b）说明共振与非共振波长烧蚀效率比随功率密度增大迅速下降，很快进入水平状态，接近 1，小功率加工靶材时，两者区别很大且对功率变化很敏感，继续增大则两者差别变小且变得迟钝。波长越大，烧蚀效率比越大。

表 4-4 列举了不同波长不同功率密度下烧蚀效率的具体数值，表里可见从左往右效率增加，越往右增幅下降趋于稳定，从上往下看效率下降。

表 4-4　各波长在不同功率密度激光下的烧蚀效率

功率密度 / (10^{14} W/cm²)	0.53	1.06	2.12	6.36	10.6	12.72	14.84	16.96	19.08
500 nm	0.373	0.522	0.746	1.306	1.716	1.903	2.201	2.276	2.500
550 nm	0.261	0.373	0.560	1.119	1.418	1.642	1.866	2.090	2.351
586 nm	0.821	0.933	1.231	1.642	1.891	2.040	2.164	2.201	2.313
650 nm	0.209	0.299	0.522	1.045	1.343	1.567	1.754	2.015	2.239
700 nm	0.172	0.224	0.410	0.970	1.269	1.493	1.642	1.866	2.164

表 4-5 中可以更加清楚地看出这一规律，从表中可以看出烧蚀效率比最大值为 4.78，功率密度小于 2.12×10^{14} W/cm² 时比值都在 1.5 以上，功率密度在 2.12×10^{14} W/cm² 至 14.84×10^{14} W/cm² 范围时，比值均大于 1，再继续增大功率密度，500 nm 的效率比小于 1，继而 550 nm 也小于 1，其他波长趋向 1，说明共振效应已经彻底消失。

表 4-5　共振波长与非共振波长的烧蚀效率之比

功率密度 / (10^{14} W/cm²)	0.53	1.06	2.12	6.36	10.6	12.72	14.84	16.96	19.08
586/500 nm	2.20	1.79	1.65	1.26	1.10	1.07	0.98	0.97	0.93
586/550 nm	3.14	2.50	2.20	1.47	1.33	1.24	1.16	1.05	0.98
586/650 nm	3.93	3.13	2.36	1.57	1.41	1.30	1.23	1.09	1.03
586/700 nm	4.78	4.17	3.00	1.69	1.49	1.37	1.32	1.18	1.07

结合孔深和烧蚀效率的变化规律，可以得出：在低功率密度或少脉冲数下，共振与非共振烧蚀之间效率差别会比较明显，但随着脉冲功率密度的增加，这种差别会随之减小直至完全消失。

4.3.5 共振效应对烧蚀体积的影响

当脉冲数较多，激光功率密度较大时，所加工的微孔可以近似看作一个圆锥体，其体积 $V=S\cdot h/3$，其中 S 为孔入口面积，h 为孔深度，这些数据已在前面测了孔直径尺寸和孔深数据。现选取脉冲数为 1500、500、100 的三种微孔进行分析研究，得到这三种脉冲数下烧蚀孔体积随功率密度变化的趋势，如图 4–19 所示。图（a）为共振波长在三种脉冲数下的烧蚀体积曲线，可以看出 1500 脉冲与 500 脉冲的烧蚀体积基本相同了。图 4–19（b）至（d）表示五种不同波长在三种不同波长下烧蚀体积随功率密度的变化，可以看出当功率密度小于 2.12×10^{14} W/cm² 时，共振波长作用下的烧蚀体积大于其他所有非共振波长。但是大于该功率密度后出现落后于 500 nm 和 550 nm 的情况。图 4–19(c)、(d)对比可以看出当功率密度大于 2.12×10^{14} W/cm² 时，两组曲线基本相似，说明共振效应完全消失。这个能量范围和之前讨论烧蚀效率时的能量范围几乎一致，由此说明共振吸收效应与激光能量密度是密切相关的。

从图 4–20 中可以清晰地看到共振与非共振烧蚀体积的比值随着激光功率密度的变化关系。图 4–20（a）、（b）、（c）显示了脉冲个数分别为 1500、500、100 时，不同波长下的烧蚀体积的比值均随功率密度的增加呈现下降的趋势，表明在低功率密度下，共振效应的强弱对功率密度的变化很敏感，而高功率密度下，共振波长与非共振波长对加工效率没有太大区别。从图 4–20（d）可以看出 2.12×10^{14} W/cm² 正好对应 Keldysh 参数 $\gamma=1$ 附近，按照 Keldysh 理论，$\gamma>1$ 时以多电子电离为主，共振吸收对电离有直接的影响。

用实验所测算的烧蚀孔体积计算出共振与非共振烧蚀体积之间的比值，这个比值可以视为衡量共振烧蚀效率提升的指标。从表 4–6 可以看到，共振烧蚀体积最高可以提高 4.293 倍，并且在各脉冲数下，共振烧蚀体积

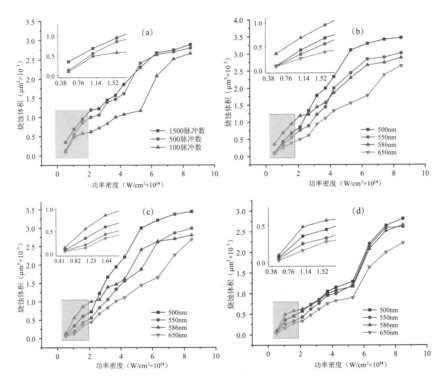

图 4-19 掺钕玻璃在不同波长、不同脉冲数激光的作用下烧蚀体积随功率密度的变化：
（a）586 nm 波长、不同脉冲数；（b）不同波长、100 个脉冲；（c）不同波长、500
个脉冲；（d）不同波长、1500 个脉冲

均有较大幅度的提高。同时也注意到在有些位置出现了小于 1 的反转情况，这和之前的孔深反转情况类似。

4.3.6 共振效应对烧蚀阈值的影响

根据所测的烧蚀孔直径尺寸，结合烧蚀阈值外推法，可以得出各波长各脉冲数下的烧蚀阈值，见表 4-7。

从表 4-7 中可以看出，通过拟合后得出的光束束腰半径随着波长的增加而增大，这在意料之中。同一脉冲数下，共振波长的烧蚀阈值最小，且与其他非共振波长的烧蚀阈值差别很大，其他非共振波长的烧蚀阈值随着波长的增大而递增；同一波长下，随着脉冲数增加，烧蚀阈值下降，并且

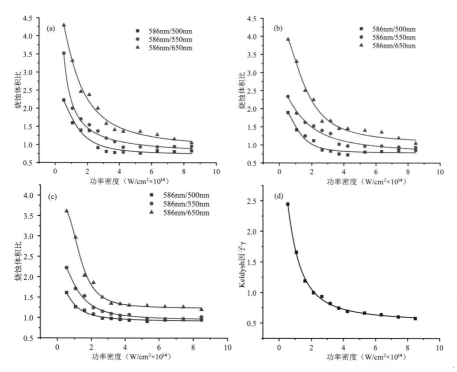

图 4-20 各波长各脉冲数激光作用下烧蚀孔体积比及 Keldysh 参数随功率密度变化：
（a）1500 个脉冲；（b）500 个脉冲；（c）100 个脉冲；（d）Keldysh 变化曲线

表 4-6 共振与非共振烧蚀体积的比值随功率密度的变化

功率密度 /	1500 脉冲			500 脉冲			100 脉冲		
$(10^{14}\mathrm{W/cm^2})$	586/500 /nm	586/550 /nm	586/610 /nm	586/500 /nm	586/550 /nm	586/610 /nm	586/500 /nm	586/550 /nm	586/610 /nm
0.53	2.228	3.826	4.293	1.895	2.338	3.913	1.615	2.224	3.483
1.06	1.599	2.000	3.314	1.418	1.875	3.305	1.362	1.913	2.963
2.12	1.387	1.548	2.373	1.380	1.524	2.248	1.084	1.444	1.857
2.65	0.917	1.375	2.000	0.864	1.401	1.583	0.984	1.154	1.500
4.24	0.796	0.929	1.363	0.729	0.973	1.450	0.938	1.071	1.302
7.42	0.808	0.947	1.153	0.851	0.943	1.192	0.951	0.970	1.260

表 4–7　不同脉冲数不同波长下作用镨钕玻璃的烧蚀阈值和激光束腰半径总表

λ/nm	ω_0/μm	$F_{th}(1)$	$F_{th}(5)$	$F_{th}(10)$	$F_{th}(50)$	$F_{th}(100)$	$F_{th}(500)$	$F_{th}(1000)$	$F_{th}(1500)$
500	2.43	5.256	3.791	3.061	2.220	1.619	1.521	1.432	1.428
550	2.79	5.862	3.899	3.363	2.079	1.849	1.754	1.727	1.721
586	3.18	3.984	2.989	2.446	1.640	1.349	1.251	1.251	1.245
650	3.27	6.120	4.387	3.705	2.344	1.918	1.853	1.776	1.762
700	3.44	6.755	4.994	4.022	2.682	2.209	2.011	1.817	1.791

注：表中 ω_0 为光束束腰半径，$F_{th}(N)$ 为烧蚀阈值，N 为脉冲个数。

共振波长与非共振波长之间、非共振波长之间的烧蚀阈值差别减小。

图 4–21（a）为共振波长 586 nm 下，镨钕玻璃随脉冲数的变化趋势。图中可以看出在 50 个脉冲之内线性规律较好。随着脉冲数继续增加到 100 时曲线开始趋于平缓，再继续增加到 500 个脉冲时，阈值进入饱和状态。

图 4–21（b）表示单脉冲和 10 个脉冲下各波长下阈值对比。图中可以看出在少脉冲条件下，非共振波长作用下的烧蚀阈值随着波长的增加而增大，并且表现出近似的线性关系单调递增的趋势。图中可以看出单脉冲的阈值高于 10 个脉冲的阈值，586 nm 的阈值明显低于其他四个非共振波长的阈值。这和其他参考文献中的实验结果相吻合。这是由于单光子能量随

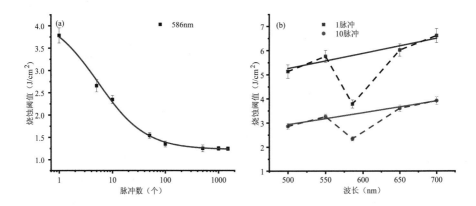

图 4–21　镨钕玻璃的烧蚀阈值变化趋势：（a）586 nm 作用下随脉冲个数变化；

（b）单脉冲、10 脉冲下随波长变化

着波长的增加而减小。所需吸收的光子数量增多，电离概率减小。但是在共振波长处，却出现了阈值的突然下降，这是由于掺杂玻璃离子的中间激发态存在而降低了电子激发的难度。对比两根曲线同时还发现两拟合直线平行。

将不同脉冲数下的烧蚀阈值随波长的变化趋势绘制成曲线如图4–22（a）所示。图中可以直观地看出所有实验波长中，共振烧蚀阈值要比非共振烧蚀阈值低的固定规律。共振烧蚀阈值均为最小，这一规律的实验可重复性较好。同样脉冲数下，非共振波长的烧蚀阈值同图4–21（b）中少脉冲情形下一样随波长的增大而增大且满足线性拟合的关系。随着脉冲数增加阈值减小，间距减小，曲线下移，随着脉冲数的进一步增大，各脉冲曲线基本上处于重合状态。将不同波长下错钕玻璃烧蚀阈值随脉冲数变化的规律绘制成曲线如图4–22（b）所示。在所有曲线当中，586 nm的曲线处于最下面，其阈值最低。单脉冲条件下，共振烧蚀阈值有较大幅度的降低。而随着脉冲数目的增加，这种趋势也逐渐减弱；当脉冲数小于100个时，阈值随脉冲数的衰减趋势是线性的。当脉冲数超过100时，阈值趋于饱和，随着脉冲个数的增加，它的变化将不明显；到1000个脉冲时衰减几乎停滞；到1500个脉冲时各波长间烧蚀阈值差别很小。

多脉冲烧蚀阈值可以通过式（4–16）来计算：

$$F_{th}(N) = F_{th}(\infty) + [F_{th}(1) - F_{th}(\infty)]^{-k(N-1)} \tag{4–16}$$

式中，k 为能量累积程度的经验参数。$F_{th}(N)$ 表示 N 个脉冲作用下的烧蚀阈值，$F_{th}(1)$ 表示单脉冲下的烧蚀阈值，$F_{th}(\infty)$ 表示当足够多脉冲作用后达到一个不受脉冲数改变的稳定烧蚀阈值。式中可知 $F_{th}(N)$ 随 N 按负指数规律变化，它随着脉冲个数的增加，烧蚀阈值逐渐减小。烧蚀阈值在少脉冲数的情况下，下降明显通常被解释为能量的累积效应，即在低通量的时候需要更多的脉冲数来完成烧蚀，然而共振波长由于共振吸收的原因相反却表现出较高的吸收率和电离率。但共振吸收效应在多脉冲条件下会减弱。

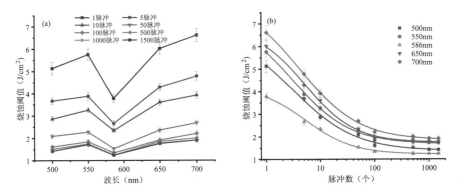

图 4-22 镨钕玻璃烧蚀阈值随脉冲数和波长的变化 （a）不同的脉冲数下，烧蚀阈值随波长变化； （b）不同波长下烧蚀阈值随脉冲数变化

表 4-8 中的数据为非共振波长加工镨钕玻璃相对于在同脉冲数下共振波长阈值的比例。从表中可以看出最大比值为 1.696，最小比值为 1.144，在实验所得到的数据中，所有比值均大于 1，说明在 1500 个脉冲数下共振吸收还是有作用的。但是随着脉冲数增加，明显发现比值减小，且各波长间比值差别也减小。

表 4-8　非共振吸收相较于共振吸收不同脉冲数时镨钕玻璃烧蚀阈值比

脉冲数	1	5	10	50	10	50	1000	1500
500/586nm	1.319	1.268	1.252	1.354	1.200	1.215	1.144	1.147
550/586nm	1.471	1.304	1.375	1.268	1.370	1.402	1.381	1.382
650/586nm	1.536	1.468	1.515	1.429	1.421	1.481	1.419	1.415
700/586nm	1.696	1.671	1.644	1.635	1.637	1.607	1.453	1.438

再将同一种脉冲数下非共振波长加工镨钕玻璃的烧蚀阈值减去共振波长的烧蚀阈值的差再与该脉冲数下各对比波长中的最大阈值相比得到阈值下降比，共振吸收相对于非共振吸收不同脉冲数时镨钕玻璃烧蚀阈值下降比，见表 4-9。表中可以看出镨钕玻璃的共振烧蚀阈值下降都大于 0，说

明都有下降。其中最大下降了 41.029%，最小也下降了 9.941%。在少脉冲时下降比较大，说明共振效应强烈，共振效果明显；而随着脉冲数增加，下降比逐渐下降，且各对比波长间的下降比差别也缩小，说明共振效应减弱。从表中还可以看出在同一脉冲数下，下降比随波长增加而增大，这个规律是清晰而固定的。这是波长的增大导致单光子能量下降，从而电离难度增大，电离概率减小的缘故。对比脉冲数和波长对烧蚀体积的影响，可以发现：脉冲数对共振烧蚀体积下降比影响较小，而波长对共振烧蚀体积下降比影响很大。另外，从表中还可以看出：从总体趋势上看，在同一波长下，非共振与共振下降比随着脉冲数的增大而减小，这是光子的能量累积效应的原因，但是之中也存在有些数据的起伏，其中可能还涉及多方面原因，这是由于烧蚀效果和效率是一个多因素多变量共同作用的结果，其中真实复杂的机理还有待人们去研究。另外肯定还有其他原因：实验条件下参数的波动和加工后测量所存在的误差。表 4-8、表 4-9 中数据可以说明共振波长加工对降低烧蚀难度，减小烧蚀阈值，提高烧蚀效率确实有效。

表 4-9 共振吸收相较于非共振吸收不同脉冲数时镨钕玻璃烧蚀阈值下降比 /%

脉冲数 / 个	1	5	10	50	100	500	1000	1500
586/500nm	18.835	16.065	15.300	21.628	12.225	13.395	9.941	10.197
586/550nm	27.798	18.217	22.801	16.368	22.608	25.017	26.211	26.554
586/650nm	31.619	27.998	31.322	26.261	25.747	29.924	28.870	28.852
586/700nm	41.029	40.159	39.188	38.852	38.907	37.765	31.163	30.480

从烧蚀阈值数据对比可以有力地证实掺杂玻璃中共振吸收效应的客观存在。可以做出这样的解释：在硅酸盐玻璃中分别掺入稀土离子 Nd^{3+}，就出现了对 586nm 波长具有选择性吸收的现象。在这个过程中，光子的吸收效率大大提高了。所以，共振吸收可以增强材料的多光子电离程度，从而大量增加种子电子数目，随后其参与碰撞电离次数也随之增加。这种多光子电离的增强使得材料的阈值降低。

4.4 共振吸收高效率烧蚀钬玻璃实验及其结果分析

4.4.1 钬玻璃光学特性

在完成了对镨钕玻璃加工效率的研究之后，还对钬玻璃开展了一定的实验研究。

选购了南通银兴光学有限公司钬玻璃（选择吸收型光学玻璃片）HOB445。尺寸为 20 mm × 20 mm × 1 mm。商家提供的特性参数见表 4–10，商家提供的透射谱图见图 4–23。从光谱图中可以清楚地看出在 445 nm 处仅具有非常低的透过率，说明 HOB445 对该波长具有很强的吸收性。400 ~ 800 nm 的范围内可以选择 445 nm 作为共振吸收加工波长进行实验。

实验内容和步骤同前面所做的聚焦打孔镨钕玻璃实验。

表 4–10 HOB445 玻璃特性参数表

型号	厚度 /mm	A[2856k]			D65			化学稳定性		ND	$\alpha 10^{-7}$ /℃	Tg /℃	Ts /℃	S
		x	y	Y	x	y	Y	DA	DW					
HOB445	2	0.465	0.427	94.9	0.341	0.377	91.9	1	1	1.523	86	602	668	2.65

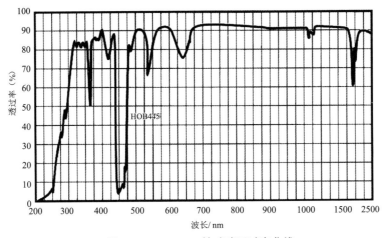

图 4–23 HOB445 钬玻璃透过率曲线

4.4.2 共振效应对烧蚀孔径的影响

根据对打孔后钬玻璃所测得的各烧蚀孔直径数据，将单位脉冲能量的对数和烧蚀孔直径的平方线性拟合得到图 4-24 曲线。图 4-24（a）表示波长 445 nm 的激光烧蚀镨钕玻璃在不同脉冲数作用下烧蚀孔直径的平方与单脉冲能量的对数间对应关系。图中可以看出改变脉冲数得到的曲线间相互平行，脉冲数增加，曲线往上平移，但是当脉冲数增加到一定数值后，曲线越来越堆集，烧蚀孔径受脉冲数的影响越来越小。图 4-24（b）可以看到不同波长的拟合直线不再平行，那是由于各波长的不同光束束腰半径对拟合直线的斜率所决定的，同等情况下，束腰半径随波长递增。

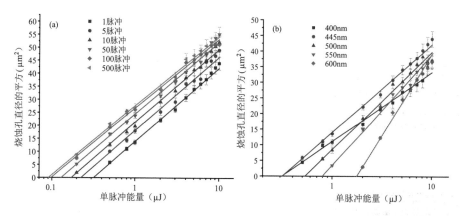

图 4-24　钕玻璃烧蚀孔直径平方与单脉冲能量关系：（a）445nm 激光在不同脉冲数下作用；（b）单脉冲在不同波长激光作用下

4.4.3 共振效应对烧蚀阈值的影响

将所测到的加工后的钕玻璃烧蚀孔直径数据，利用外推法线性拟合可以得到各种情况下的烧蚀阈值。汇总后见表 4-11。

表 4-11　不同脉冲数不同波长下作用钕玻璃的烧蚀阈值和激光束腰半径总表

λ/nm	ω_o/μm	$F_{th}(1)$	$F_{th}(5)$	$F_{th}(10)$	$F_{th}(50)$	$F_{th}(100)$	$F_{th}(500)$	$F_{th}(1000)$	$F_{th}(1500)$
400	2.14	5.185	3.678	2.867	1.987	1.553	1.458	1.366	1.332
445	2.35	3.922	2.964	2.343	1.532	1.196	1.105	1.094	1.084
500	2.43	5.234	4.223	2.976	2.048	1.759	1.638	1.445	1.438
550	2.79	5.666	4.488	3.674	2.157	1.877	1.854	1.608	1.597
600	3.22	6.545	4.884	3.572	2.375	1.928	1.756	1.719	1.691

　　从钕玻璃阈值表中可以看出，通过拟合后得出的光束束腰半径随着波长的增加而增大。所有数据列中可以看出：同一脉冲数下共振波长的烧蚀阈值最小，且与其他非共振波长的烧蚀阈值差别很大，其他非共振波长的烧蚀阈值随着波长的增大而递增；所有数据行中可以看出：同一波长下随着脉冲数增加，烧蚀阈值下降，共振波长与非共振波长之间、非共振波长之间的烧蚀阈值差别减小。当脉冲数增大到1000以后其差别很小。

　　图4-25（a）为共振波长445 nm下，钕玻璃随脉冲数的变化趋势。从图中可以看出在50个脉冲之内阈值降低较快，且线性规律较好。但随着脉冲数继续增大到100时曲线开始趋于平缓，再继续增加到500个脉冲时，阈值进入饱和状态，1000个脉冲后阈值几乎不再有多少增加。

　　图4-25（b）表示单脉冲和10个脉冲下各波长下钕玻璃烧蚀阈值对比。图中可以看出：单脉冲的阈值明显高于10个脉冲的阈值，586 nm的阈值明显低于其他四个非共振波长的阈值。非共振波长作用下的烧蚀阈值随着波长的增加而增大，并且表现出近似的线性关系单调递增的趋势，这两根拟合曲线相互平行。

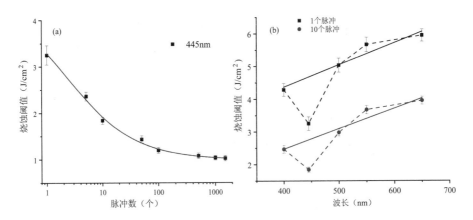

图4-25　（a）钕玻璃在共振波长作用下烧蚀阈值随脉冲数变化趋势；（b）在单脉冲、10个脉冲下烧蚀阈值随波长变化

图 4–26（a）为不同脉冲数下钕玻璃的烧蚀阈值随波长的变化趋势。图中更加可以直观地看出所有实验波长中，共振烧蚀阈值均要比非共振烧蚀阈值低。同样脉冲数下，非共振波长的烧蚀阈值随波长的增大而增大且满足线性拟合的关系。随着脉冲数增加阈值减小，间距减小，曲线下移，随着脉冲数的进一步增大各脉冲曲线基本上处于重合状态。

将不同波长下钕玻璃烧蚀阈值随脉冲数变化的规律绘制成曲线如图 4–26（b）所示。445nm 曲线位于最下面，当脉冲较少时，共振烧蚀阈值有较大幅度的降低。而随着脉冲数目的增加，这种趋势也逐渐减缓；当脉冲数小于 100 时，阈值随脉冲数的衰减呈线性下降趋势。当脉冲数超过 100 时，阈值趋于饱和，随着脉冲数的增加它的变化将不明显；到 1000 个脉冲之后烧蚀完全饱和，各波长之间的阈值差别很小。

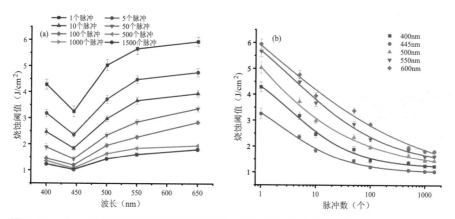

图 4–26　（a）钕玻璃在不同脉冲数作用下，烧蚀阈值随波长的变化；（b）钕玻璃在不同波长作用下烧蚀阈值随脉冲数变化趋势

将非共振波长的烧蚀阈值除以共振波长的烧蚀阈值得到表 4–12。从表中可以看出非共振波长与共振波长阈值比例最大比值为 1.669，最小比值为 1.224，整个表中所有数据均大于 1，说明在 1500 个脉冲数下共振吸收对烧蚀阈值的降低还是有作用的。但是随着脉冲数增加，明显发现比值在减小，且各波长间比值差别也在减小。

表 4–12　非共振吸收相较于共振吸收不同脉冲数时钕玻璃烧蚀阈值比

脉冲数 / 个	1	5	10	50	100	500	1000	1500
400/445nm	1.322	1.241	1.224	1.297	1.298	1.319	1.249	1.229
500/445nm	1.334	1.425	1.270	1.336	1.470	1.482	1.322	1.327
550/445nm	1.445	1.514	1.568	1.408	1.569	1.678	1.470	1.491
600/445nm	1.669	1.648	1.525	1.550	1.612	1.589	1.572	1.560

从上述钕玻璃的烧蚀孔径和烧蚀阈值的研究来看，共振效应对这些参量的影响与镨钕玻璃有着相同的结论。

再将同一种脉冲数下非共振波长加工镨钕玻璃的烧蚀阈值减去共振波长的烧蚀阈值的差再与该脉冲数下各对比波长中的最大阈值相比得到烧蚀阈值下降比，见表 4–13。从表中可以看出镨钕玻璃的共振烧蚀阈值都大于 0，说明共振烧蚀阈值相较于非共振烧蚀阈值都有下降。其中最大下降了 40.073%。最小也下降了 14.689%。在少脉冲时下降比较大，说明共振效应强烈，共振效果明显；而随着脉冲数增加，下降比逐渐下降，且各对比波长间的下降比差别也缩小，说明共振效应减弱。从表中还可以看出在同一脉冲数下，下降比随波长增加而增大，这个规律是清晰而固定的，而且非常明显。将脉冲数和波长结合起来分析对烧蚀体积的影响可以看出，脉冲数对共振烧蚀体积下降比影响较小，而波长对共振烧蚀体积下降比影响很大。

表 4–13　共振吸收相较于非共振吸收不同脉冲数时钕玻璃烧蚀阈值下降比 /%

脉冲数 / 个	1	5	10	50	100	500	1000	1500
445/400nm	19.303	14.619	14.690	19.144	18.479	20.065	15.823	14.689
445/500nm	20.042	25.778	17.741	21.698	29.179	30.334	20.458	20.940
445/550nm	26.643	31.204	37.266	26.302	35.315	42.654	29.901	31.508
445/600nm	40.073	39.312	34.410	35.481	37.960	37.054	36.378	35.879

4.5 共振吸收单脉冲步进烧蚀镨钕玻璃实验研究

镧系元素的能级寿命一般超过了 1 μs，晶格达到热平衡的时间也需要约 1 μs。当飞秒激光的重复频率为 1 kHz 时，脉冲之间的间隔时间长达 1 ms，则晶格在下一个脉冲入射前将早已恢复到热平衡状态了，因而脉冲间不存在能量累积、热耦合作用，靶材的烧蚀加工为单个脉冲加工效应的简单叠加，所以 1 kHz 重复频率的飞秒激光加工靶材属于冷加工。其烧蚀效率主要取决于介质材料中价带束缚电子被电离的效率和电离后自由电子数密度。初始种子电子数和激光光场强度主要决定了后续碰撞电离和雪崩电离的强度，因而飞秒激光辐照靶材下的初始光致电离而产生的初始种子电子是靶材冷加工效率的主要影响因素。

实验中选用 720 nm、775 nm 和 807 nm 作为加工波长。其中特征波长 807 nm 对应于 Nd^{3+} 的两个跃迁能级为基态 $^4I_{9/2}$ 和激发态 $^4F_{5/2+}{}^2H_{9/2}$，镨钕玻璃在该波长处的吸收系数为 1.311；对于非特征波长 720 nm 和 775 nm 的吸收系数分别为 0.066 和 0.118。

由于靶材表面的最大烧蚀深度取决于基模高斯分布中心的峰值功率密度 $I_p=I_0(\omega_0/\omega_z)^2$。高斯光束经聚焦后在传播方向上随着传播距离的增加而迅速发散，ω_z 迅速增加，光斑迅速增大，$I_p \propto 1/\omega_z^2$ 而急剧下降。例如，在本实验的加工条件下，沿传播方向上离束腰处 25 μm 处的 I_p 相对于束腰处降低了一个数量级，在离束腰处 85 μm 处的 I_p 则降低了近两个数量级。文献 [101] 所述，多脉冲飞秒激光加工时的烧蚀深度为 40 ~ 80 μm，那么激光功率密度在如此之大的加工孔深范围内可以达到两个数量级多的变化，那么功率密度不可能是一个固定量。而单脉冲加工所成的往往是弹坑深度在 1 μm 以内，那么 I_p 变化范围就非常小，所以可以近似认为 I_p 为定值，从而可以比较准确地研究波长对加工效果的影响。本实验针对单脉冲飞秒激光打孔后的孔深的变化来分析靶材的烧蚀效率。

实验光路采用光路图 4-9。

4.5.1 实验方案及步骤

本实验采用侧移式步进打孔的方式，实验步骤为：①通过激光参数放大器选择所需波长，激光放大器处于单脉冲工作模式，实验中使用激光功率为 2 mW，选用 10 倍放大倍数、数值孔径为 0.25 的长焦距物镜进行聚焦；

②通过 Topas 选取所需共振波长 807 nm，调整各光学器件，确保入射激光平面与靶材垂直，也就是让靶材平面处在 xoy 平面内；调节衰减器让激光加工功率为 2 mW；③让光束聚焦焦点远离靶材位置，使靶材表面不足以被烧伤，将靶材沿 z 轴缓慢地靠近焦点，直到快要加工上或刚好能加工上；④每次以 5 μm 的步长让靶材向焦点靠近，让激光放大器工作于单脉冲模式，每步释放一个单脉冲，同时使靶材沿 y 轴方向以 20 μm 的步长侧向移动，以使靶材上的每个微孔位置相互分开；⑤改变波长为 775 nm 和 720 nm，重复②～④步。

由于单脉冲能量微弱，烧蚀痕迹很浅，只会形成很微小的弹坑，通过分辨率可达 10 nm 的 Zeiss Axio LSM700 激光共聚焦显微镜测量所有的孔深，采用原子力显微镜观测微孔形貌。微孔的俯视轮廓如图 4-27 所示，为一浅的弹坑。

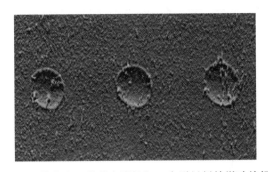

图 4-27　单脉冲飞秒激光烧蚀加工介质材料的微孔俯视图

4.5.2 烧蚀孔深对比及分析

将 807 nm、775 nm 和 720 nm 三种不同波长的飞秒激光分别在镨钕玻璃和普通石英玻璃表面的单脉冲烧蚀打孔的孔深测量结果绘制在同一坐标系中得到如图 4-28（a）、（b）、（c）。图（d）为 807 nm 和 720 nm 的烧蚀结果整体对比图。在图 4-28 中，横坐标都代表靶材表面上微孔的序号，左边第一个点代表飞秒激光聚焦后的焦点刚好能在靶材表面产生烧蚀去除；随着孔的序号增加，意味着激光光束的束腰平面与离靶材表面的距离在不断地减小，作用于靶材表面的激光功率密度增大；曲线拐点处代表焦点的束腰位置，焦点平面刚好落在靶材表面。如果继续增加孔号，则孔深将会逐渐变浅，直至激光功率密度小于靶材的阈值，弹坑消失。图（a）可以看出 807 nm 作用镨钕玻璃和石英玻璃时，镨钕玻璃的孔深明显大于石英玻璃孔深，石英玻璃要落后两个点的位置才开始留下烧蚀孔，说明该共振波长 807 nm 下石英玻璃烧蚀阈值大于镨钕玻璃的，石英玻璃没有表现出共振吸收效应，而镨钕玻璃却有共振效应。（b）（c）两图的曲线基本重合，说明两者对激光的吸收无差异，镨钕玻璃也没有表现出共振效应。图（d）说明在 13 号孔之前，807 nm 作用于镨钕玻璃的孔深大于 720 nm 的孔深，但是 13 号以后 720 nm 的孔深反超 807 nm 的，这在聚焦打孔镨钕玻璃实验中的烧蚀孔体积变化规律中也遇到了这种反超现象。

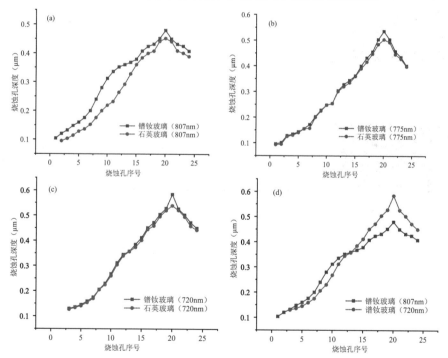

图 4-28　镨钕玻璃与石英玻璃单脉冲不同波长下孔深对比：（a）807 nm 下镨钕玻璃与石英玻璃孔深；（b）775 nm 下镨钕玻璃与石英玻璃孔深；（c）720 nm 下镨钕玻璃与石英玻璃孔深；（d）807 nm 和 720 nm 下镨钕玻璃孔深对比

图 4-29（a）图可以看出 16 号孔 807 nm 孔深开始小于 775 nm 的深度。图（b）可以看出 775 nm 和 720 nm 对两种靶材的孔深比接近 1，且基本水平，说明这两个波长作用等效。图（c）说明 807 nm 相对于 775 nm 在 11 号孔出现了最大比，相对于 720 nm 在 8 号孔出现了一个最大比，但是 11 号孔比值更大。（d）图说明石英玻璃中没有共振效应的体现，比值接近 1，且几乎大小不变。

从表 4-14 和表 4-15 中看出 807 nm 波长作用镨钕玻璃相对于 775 nm 最大深度比为 1.323，最大提升比为 32.283%；相对于石英玻璃最大深度比为 1.448，最大提升比为 44.828%。

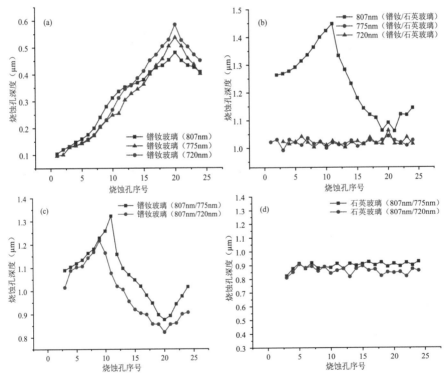

图 4-29　（a）807 nm、775 nm、720 nm 三个波长在镨钕玻璃中的孔深对比；（b）不同波长下镨钕玻璃与石英玻璃烧蚀孔深比；（c）共振波长与非共振波长在镨钕玻璃下烧蚀孔深比；（d）共振波长与非共振波长在石英玻璃下烧蚀孔深比

表 4-14 不同波长、不同材料孔深比对比表

烧蚀孔序号	3	10	11	12	13	14	17	18	20
镨钕 807/ 镨钕 775	1.109	1.258	1.323	1.158	1.098	1.070	0.981	0.947	0.896
镨钕 807/ 镨钕 720	1.015	1.164	1.077	1.020	1.006	0.955	0.898	0.857	0.822
镨钕 807/ 石英 807	1.269	1.424	1.448	1.333	1.283	1.232	1.120	1.109	1.091
镨钕 775/ 石英 775	0.992	1.002	1.000	1.012	1.015	1.027	1.028	1.018	1.043
镨钕 720/ 石英 720	1.024	1.011	1.026	1.015	1.002	1.021	1.038	1.016	1.063

表 4-15 不同波长、不同材料孔深提升比对比表　　　　　　　　/%

烧蚀孔序号	3	7	11	14	16	17	18	20
镨钕 807/ 镨钕 775	3.125	16.279	32.283	6.977	2.000	−1.852	−5.263	−10.448
镨钕 807/ 镨钕 720	1.538	14.286	7.692	−4.465	−9.574	−10.169	−14.286	−17.808
镨钕 807/ 石英 807	28.155	31.579	44.828	12.195	6.250	6.000	5.882	9.091
镨钕 775/ 石英 775	2.400	9.554	0.000	2.687	2.564	3.846	1.786	6.349
镨钕 720/ 石英 720	2.362	2.820	2.564	2.885	1.348	2.832	1.613	8.349

4.5.3 多光子共振电离对烧蚀效率影响分析

作用于靶材表面微孔光强分布中心处的激光功率密度决定了各烧蚀微孔的深度。而高斯分布的激光在传播方向上相对于光束束腰不同距离处的距离增大，功率密度随之减小，横截面光场分布发生变化，因此图 4-28 中 1 ~ 20 号微孔在拐点前随着序号的增加，靶材表面与束腰处距离减小，故微孔中心处功率密度增大。结合 4.2.4 节中高斯光束空间光强分布的理论分析和束腰半径的实验测试结果，可通过式（4-17）计算出各微孔中心处对应的激光光强 I，

$$I = \frac{2\pi\omega_0^2 P_0}{\left(\pi\omega_0^2\right)^2 + \left(z\lambda\right)^2} \qquad (4\text{-}17)$$

式中 ω_0 为束腰半径，P_0 为入射激光光束的功率，z 为光束传输轴线方向的位移，λ 为入射激光波长。根据式（2-3）可以算出 14 号微孔对应的

Keldysh 因子值为 0.99，趋近于 1，根据式（4–17）求出其对应的功率密度为 5.43×10^{13} W/cm²，所以在本实验条件加工下，当激光功率密度大于 5.43×10^{13} W/cm² 时，初始光致电离由隧道电离主导；当激光功率密度小于 5.43×10^{13} W/cm² 时，初始光致电离由多光子电离主导。对比图 4–28（a），镨钕玻璃和石英玻璃上的单脉冲烧蚀深度在 14 号微孔之后基本一致；而在 14 号微孔之前，镨钕玻璃的单脉冲烧蚀深度明显较石英玻璃上的微孔要深；并且在 11 号微孔处，共振烧蚀效率达到了最大值，对应的激光功率密度为 2.56×10^{13} W/cm²。从上面分析可以看出：当入射激光功率较小时，电离过程以多光子共振电离为主，共振烧蚀效应起作用；当入射激光功率比较大时，电离过程以隧道电离为主，共振烧蚀效应消失。

对比波长 807 nm 和 720 nm 的加工结果，如图 4–30 所示，在距离拐点较远的微孔，激光功率密度较小的情况下，从表 4–14 看到孔深比大于 1，表 4–15 中孔深提升比大于 0，807 nm 波长的烧蚀加工深度大于 720 nm 的孔深；而在距离拐点较近的微孔，激光功率密度较高的区域，从表 4–14 看到孔深比小于 1，表 4–15 中孔深提升比小于 0，720 nm 波长的烧蚀微孔深度反过来较 807 nm 大。

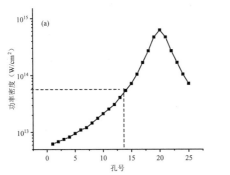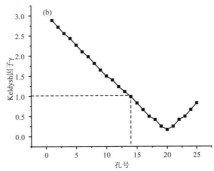

图 4–30　807 nm 波长烧蚀加工靶材的各微孔对应的激光光强及相应的 γ 值

在低功率密度加工下，依据以上分析，初始种子电子主要来源于多光子电离，得式（2–6），可知多光子电离的速率 $d_{ne}/dt \propto \omega^{-6}$（$\lambda^{6}$）；又因为

720 nm 波长激光单光子能量 E_{720nm}=1.722eV，807 nm 波长激光单光子能量 E_{807nm}=1.536eV，$E_{720nm} > E_{807nm}$，那么在相同的入射激光能量下，807 nm 入射激光的光子数密度是 720 nm 入射激光的 1.12 倍。所以在低功率密度激光的作用之下，两种靶材在 807 nm 波长的作用下较 720 nm 波长更容易发生多光子电离，因而加工的烧蚀弹坑更深。

在高功率密度入射激光加工的情况下，初始种子电子主要来源于隧道电离，高斯分布中心最强功率密度处的隧道电离速率可表述为式（4–18）[153]：

$$dn_e / dt = \frac{I}{\hbar}\left|C_{n^*}\right|^2 \left(\frac{2^{5/2} I^{3/2}}{\hbar \omega_L \sqrt{U_P}}\right)^{2n^*-1} \exp\left(-\frac{2^{5/2} I^{3/2}}{3\hbar \omega_L \sqrt{U_P}}\right) \qquad （4–18）$$

其中 n^* 为轨道量子数（$n^* \geq 1$）。由式（4–18）可知，隧道电离速率主要取决于激光频率 ω_L、激光功率密度 I 和有质动力势 U_p 三个参量。807 nm 波长激光的有质动力势 U_{p807nm}=43.017 eV，720 nm 波长激光的有质动力势 U_{p720nm}=42.906，两波长激光的有质动力势 U_p 数值相差很小，两者的激光频率 ω_L 也相差不大，所以其隧道电离速率的区别就主要取决于入射激光光强 I。从之前实验已经知道 720 nm 激光光束的束腰半径比 807 nm 要小，由式（4–17）可知，720 nm 光束束腰处的功率密度大于 807 nm 光束束腰处，所以相对应的隧道电离速率大，因此当接近束腰处，入射激光光强较大时，720 nm 激光波长的烧蚀微孔深度相比 807 nm 反而要深。

4.6 飞秒激光重复频率对共振效应的影响实验研究

考虑到四个因素：①实验室激光器的泵浦源 MaiTai 发出的种子光的波长可以从 690 nm 到 1040 nm 连续可调，而且其光学质量和性能均要好于本实验室现有的 Topas 所输出的飞秒激光，可以使用比较优质的种子光源开展飞秒激光更多方式共振效应实验研究；② Topas 输出激光同样覆盖了 MaiTai 所输出激光的全部波长范围，两者都可以改变波长，但是它俩的激光重复频率完全不一样，且相差甚远，一个为 1kHz，一个为 80 MHz，这样一来可以利用重复频率做变量，展开两种重复频率下的冷热加工共振效应的对比实验，研究在不同重复频率下的共振效应；③从镨钕玻璃的吸收谱线中可知：在 690 ~ 1040 nm 波段中存在 807 nm 和 739 nm 这两个比较强的吸收峰，其中 807 nm 峰的吸收系数仅低于前一章实验中所用的另一个吸收峰 586 nm，所以可以在该种子光源的波长范围内实现共振波长与非共振波长的对比；④ MaiTai 在改变输出激光的波长时，无须像 Topas 那样需要重新安装和调试光路，直接通过 MaiTai 控制软件修改输出波长，不会改变激光的出射点和光路，所以不用反复调试光路，不用反复调整焦点，这样就可以更为高效地选用不同波长加工靶材，研究波长对靶材的烧蚀影响。

由于 80 MHz 激光属于高重频激光，无法像聚焦打孔镨钕玻璃和钛玻璃实验中那样采用定时器来控制光闸的开关以选择脉冲数目，所以改成靶材做倾斜运动，让激光对其刻线或单脉冲模式打孔，这样就实现了单变量的改变，同时又省去了对入射激光的聚焦工作和麻烦。据此，本章实验中以镨钕玻璃和石英玻璃为实验材料，具体实验内容和任务有：①以 1kHz 的 Topas 光 807 nm 为共振波长，以 846 nm、775 nm、720 nm 这三个非共振波长为对比波长，分别对镨钕玻璃和石英玻璃做倾斜刻线；②采用 80 MHz 种子光中的 807 nm 和 739 nm 为共振波长，以 846 nm、775 nm、720 nm 这三个非共振波长为对比波长，分别对镨钕玻璃和石英玻璃做二维倾斜运动刻蚀划线。

4.6.1　1 kHz 的飞秒激光共振效应实验研究

本实验光路与之前的 Topas 激光聚焦打孔和步进打孔实验所用光路完全相同，见图 4-9。靶材通过精密的三维运动平台同时做 x 向和 y 向的不同合适速比运动，这样靶材其实在做倾斜运动。在靶材上将得到的烧蚀阈值包络线，再通过测量烧蚀轮廓线尺寸，推算出靶材在不同波长飞秒激光加工下的烧蚀阈值，并对比不同靶材和不同波长，分析共振烧蚀对其阈值的影响及特点。该划线方法相比打孔外推法求阈值可以省去费时的调焦步骤，可以大大降低实验难度，减小实验工作量，提高实验效率。尤其对于

Topas 调波长必须每次改光路、调光路、调焦点的麻烦，这样的实验方案的优势就更为明显。

上述阈值测算方法适合基膜高斯光束。通过测量 Topas 输出光中 720 ~ 860 nm 波段的光斑，发现该波段 Topas 的输出激光基本为高斯基模分布，各波长的空间光场分布一致，见图 4–31。结合镨钕玻璃吸收光谱谱线图，选择 807 nm 作为共振波长，720 nm、775 nm、846 nm 这三个非共振波长作为对比波长，来研究不同波长对相同靶材的烧蚀区别。为了进一步说明相同的波长对不同靶材的烧蚀效果，同时选用了透明的石英玻璃作为对比靶材，以说明同样波长对不同材料的加工效果。

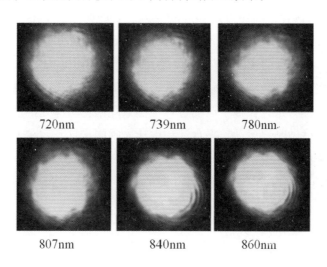

图 4–31　Topas 输出 720 ~ 860 nm 波段激光光场分布

（1）实验方案及步骤

1）利用前述的两微孔法对各波长光束的束腰半径进行测算。

2）将镨钕玻璃和石英玻璃各一块平行固定在同一夹具上，确保两块靶材的加工面尽量共面。将该夹具固定在俯仰板上，通过俯仰板置于三维运动载物平台上固定。通过调节俯仰板使靶材的加工面与加工光束的传输轴线相垂直。加工示意图如图 4–32。

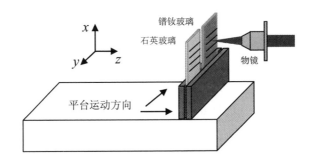

图 4-32　倾斜运动划线加工示意图

3）将靶材置于离焦点足够远的地方，以确保焦点不足以烧蚀靶材表面。通过控制软件设置靶材沿 z 方向以 50 μm/s 的速度靠近焦点，同时沿 y 方向以 100 μm/s 的速度（z 轴和 y 轴速度比 = 位移比 =1∶2）移动，激光焦点将发生从远离到刚好接触，再进入靶材体内，直至不足以损伤靶材表面的运动过程为止，在整个运动过程中焦点既向靶材深处推进，同时也侧向平移，靶材做倾斜运动。平台运动中让光闸同步打开，在未运动时同步关闭。激光功率采用 5 mW。

4）用 Topas 改变波长，分别用 720 nm、775 nm、846 nm、807 nm 激光重复上述步骤 2）和 3）。

（2）实验结果及分析

1）束腰半径测算

实验中聚焦物镜放大倍数为 10，数值孔径为 0.25，ω_{z_1} =0.5 mm，ω_{z_2} =1.5 mm，其对应 z 向坐标位置为 Z_1 和 Z_2，代入式（4-7）算出束腰半径，如表 4-16。

2）烧蚀轮廓对比

依次使用 720 nm、775 nm、807 nm 和 846 nm 波长，通过上述聚焦焦点逐渐深入加工靶材并侧向位移的加工方式，分别烧蚀刻划加工镨钕玻璃和石英玻璃，得到刻蚀后烧蚀轮廓如图 4-33 所示，其中图（a）为镨钕玻璃在不同波长加工下的烧蚀结果，图（b）为石英玻璃在不同波长加工下

表 4–16　不同波长的 Topas 光束束腰半径实验测试结果

波长 /nm	Z_1/μm	Z_2/μm	（Z_1–Z_2）/μm	ω_0/μm
720	2000	11410	9410	2.16
739	1960	11690	9730	2.29
775	1910	12060	10150	2.51
807	1860	12420	10560	2.72
846	1810	13030	11220	3.03

注：739 nm 将在后续实验中用到。

的烧蚀结果。从烧蚀轮廓图中可以看出两种靶材被非共振波长 720 nm、775 nm、846 nm 烧蚀后的刻划线长度基本相等；而镨钕玻璃在共振波长 807 nm 的烧蚀长度较石英玻璃的要长。

3）共振效应对烧蚀阈值的影响

从图 4–33 的烧蚀阈轮廓图可以看出与之前的理论分析得到的烧蚀阈值包络线形状是一致的。正中间最细处即代表刚好是焦点加工处。

为了减小测量 Z_m 的相对误差，选择测量烧蚀轮廓的总长度，然后取半。由于该加工是让运动平台在 y 向发生的位移是 z 向的位移的两倍，所以代入公式中的烧蚀阈值包络线 Z_m 应是烧蚀加工轮廓线总长取半后再除以 2。实测镨钕玻璃和石英玻璃上烧蚀轮廓长度，并根据前述方法算出相应烧蚀阈值，得到表 4–17。

通过烧蚀阈值计算得出不同波长飞秒激光对镨钕玻璃和石英玻璃的烧蚀阈值比及下降率，从表 4–18 中可以看出 720 nm、775 nm、846 nm 三个非共振波长对于两种靶材的烧蚀轮廓长度差不多，两种阈值也相差无几，阈值基本在 1.5 J/cm^2 左右。但是共振波长 807 nm 作用于两种靶材就存在着明显区别：镨钕玻璃是烧蚀轮廓长度为石英玻璃的 1.07 倍，增长率为 7.16%，石英玻璃的烧蚀阈值为 1.404 J/cm^2，镨钕玻璃的烧蚀阈值为 1.227 J/cm^2，石英玻璃阈值是镨钕玻璃的 1.14 倍，相比石英玻璃的阈值下降率为 12.61%，相比于 720 nm 的阈值下降率为 17.85%。由此说明共振效应在镨钕玻璃的划线实验中确实能够降低烧蚀阈值，提高烧蚀效率。

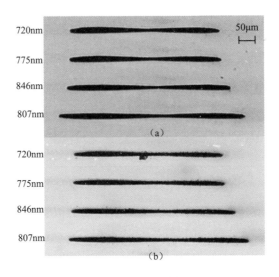

图 4-33 不同波长飞秒激光加工错钕玻璃和石英玻璃的烧蚀轮廓图：（a）错钕玻璃烧蚀轮廓图；（b）石英玻璃烧蚀轮廓图

表 4-17 不同波长飞秒激光对错钕玻璃和石英玻璃的烧蚀轮廓长度和烧蚀阈值

波长/nm	束腰半径/μm	错钕轮廓长/μm	错钕烧蚀阈值/（J/cm²）	石英轮廓长/μm	石英烧蚀阈值/（J/cm²）
720	2.16	508.924	1.703	508.008	1.709
775	2.29	544.312	1.446	543.164	1.452
846	2.72	594.616	1.421	593.556	1.426
807	2.51	621.832	1.227	580.272	1.404

表 4-18 不同波长飞秒激光对错钕玻璃和石英玻璃的烧蚀阈值比及下降率

波长/nm	错钕烧蚀阈值/（J/cm²）	石英烧蚀阈值/（J/cm²）	石英/错钕	（石英−错钕）/石英	（错钕₇₂₀−错钕）/错钕₇₂₀
720	1.703	1.709	1.003	0.35%	0.00%
775	1.446	1.452	1.004	0.41%	15.04%
846	1.421	1.426	1.003	0.35%	16.56%
807	1.227	1.404	1.144	12.61%	17.85%

4）共振多光子电离对烧蚀阈值影响分析

大量光子辐照到靶材表面，多光子电离和隧道电离等初始阶段的光致电离产生种子电子，种子电子进一步产生雪崩电离和碰撞电离，外层价带电子被激发到导带，从而产生大量自由电子[154]。飞秒激光烧蚀加工介质材料，主要是通过大量光子的激发使靶材局部产生大量自由电子，进而达到瞬时的库仑力失衡并发生库仑爆炸，从而实现局部材料的去除。在飞秒激光与材料的相互作用过程中，多光子电离和隧道电离共同存在，所占比例主要取决于由入射激光功率密度和材料的属性共同决定的 Keldysh 因子 γ。对于靶材镨钕玻璃和石英玻璃，在特征波长 807 nm 处，根据式（2–3）可以算出镨钕玻璃的烧蚀阈值所对应的 Keldysh 因子 $\gamma_{镨钕}$=2.707，而石英玻璃 $\gamma_{石英}$=2.537，两者均大于 1，因此对于这两种靶材，多光子电离是它们初始种子电子产生的主要原因。

普通石英玻璃的价带电子电离所需穿越的带隙宽度为 9 eV，807 nm 对应的单光子能量为 1.536 eV，因而价带电子需要至少同时分别吸收 6 个光子才能被激发到导带成为自由电子。但对于镨钕玻璃，光子可以通过共振吸收的方式被价带电子所吸收，使束缚电子首先达到一高阶的稳定中间激发态 $^4G_{5/2}$ 能级，再从此中间激发态往上跃迁所需吸收的光子数较普通多光子电离过程至少能少 1 个光子，因而使得在飞秒激光与靶材作用过程中，这种能级跃迁概率将会大大增加。共振多光子电离为随后的雪崩电离和碰撞电离能更容易地提供更多的种子电子。所以从图 4–33 在共振波长 807 nm 飞秒激光的烧蚀下，镨钕玻璃的烧蚀轮廓长度明显长于石英玻璃的长度，从表 4–18 可以得知镨钕玻璃的烧蚀轮廓长度为石英玻璃的 1.07 倍，增长率为 7.16%；石英玻璃的烧蚀阈值为 1.404 J/cm²，镨钕玻璃的烧蚀阈值为 1.227 J/cm²，石英玻璃的烧蚀阈值是镨钕玻璃的 1.14 倍，相比石英玻璃的阈值下降率为 12.61%，相比于 720 nm 的阈值下降率为 17.85%。而在非共振波长 720 nm 和 775 nm 飞秒激光的烧蚀下，无此共振烧蚀效应。

4.6.2　80 MHz 的飞秒激光共振效应实验研究

飞秒激光由于具有极窄的脉宽、极高的峰值功率密度，就算对于高烧蚀阈值的电介质材料，其初始种子电子在飞秒激光的作用下，光致电离中的多光子电离与隧道电离，碰撞电离和雪崩电离等都变得更加容易实现。但是在高重频飞秒激光烧蚀中，由于受到等离子体的能量耦合影响而出现热烧蚀现象。等离子体对光束产生散射和吸收，同时还对蚀除物产生二次加热和反冲力作用。并且随着飞秒激光的重复频率增加，在相同的功率输出情况之下，单脉冲能量势必迅速下降。当入射激光的单脉冲能量接近不足以激发电介质材料发生光致电离时，那么激光对靶材的烧蚀加工将很大程度上取决于入射激光的重复频率和靶材对激光能量共振吸收的影响。

（1）实验光路的搭建

运用振荡器种子光源烧蚀加工镨钕玻璃和普通石英玻璃的加工光路系统如图 4–34 所示。种子光出来后经 1/2 分光镜一分两路，一路进入 Amplifier 放大，另一路供本实验使用。先经反射式衰减器衰减以控制所用激光的强度。使用衰减器时注意不要让反射光返回出射孔，以免影响振荡器的稳定。由于 MaiTai 很易受到外来光源的干扰而不稳定，所以为了防止光路中反射回来的激光影响 MaiTai 光源的稳定性，故接入法拉第激光隔离器进行阻返。法拉第激光隔离器将垂直的线偏振入射光的偏振角度产生 45° 旋转后输出；然后，在加工过程中产生的反射光经过隔离器后其偏振方向沿同方向再次旋转 45°，这时反射光束偏振方向变为水平，与原始入射光束的偏振方向相互垂直，所以无法再通过图 4–34 中隔离器左侧的格兰棱镜，从而确保反射回来的激光不能进入保护 MaiTai，影响实验光源的稳定性。又由于 MaiTai 的出射激光光斑半径为 1 mm 左右，光斑很小，这样光斑的能量密度会很高，很容易烧坏光学器件和设备，也更增加了实验者受伤的风险。所以先通过一个前镜焦距 50 mm，后镜焦距 175 mm 的凸透镜组合进行扩束，将种子激光光束半径扩大至 3.5 mm 再传入光路中；由于 MaiTai 的出射光高度较低，所以激光束经过两块反光镜将光路整体抬升，以便后续光器件的安装。反射镜采用镀银全反镜，其发射率 >95%，反射波长 400 ~ 12000 nm，损伤阈值 >1 J/cm^2；光束经抬升后再经光阑和光闸后，通过一个 10 倍放大倍数，0.25 数值孔径的物镜聚焦。调节光路使焦点落在载物运动平台行程范围以内，同时还需确保入射光线垂直靶材加工平面。

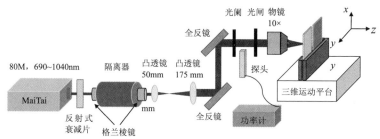

图 4–34　MaiTai 种子激光熔融烧蚀加工光路系统

（2）实验方案与步骤

根据错钕玻璃的特征吸收光谱图 2–8 可知种子光源 MaiTai 的输出波长范围 690 ～ 1040 nm 内的 739 nm 和 807 nm 为错钕玻璃特征波长，它们具有极高的吸收率，720 nm、775nm 和 846 nm 为非特征波长，它们具有极低的吸收率。本实验选用作为烧蚀加工的五个波长中，807 nm、739 nm 为共振吸收波长，而 720 nm、775 nm 和 846 nm 作为非共振吸收的对比波长。实验加工所用的激光功率为 1W，聚焦物镜的放大倍数为 10 倍，数值孔径为 0.25，激光水平入射，采用聚焦焦点逐渐深入，并沿靶材表面侧移刻线的方式进行加工。

在正式加工之前先得测算相关波长光束的束腰半径，按照前面两微孔法测得并计算出束腰半径，如表 4–19。739 nm 和 807 nm 两个波长的束腰半径将进一步用于后续实验中计算烧蚀阈值。从表中所得到的束腰半径值小于之前所测 Topas 出射光束腰半径，那是因为其入射光斑尺寸小些。

表 4–19　不同波长的种子光束腰半径实验测试结果

波长 /nm	$Z_1/\mu m$	$Z_2/\mu m$	$(Z_1 - Z_2)/\mu m$	$\omega_0/\mu m$
720	2000	8800	6800	1.56
739	1990	8840	6850	1.62
775	1980	8860	6880	1.71
807	1875	8805	6930	1.79
846	1865	8855	6990	1.89

为了确保焦点能充分地与靶材表面接触，通过控制软件使靶材沿 z 方向以 50 μm/s 的速度靠近焦点，同时沿 y 方向以 500 μm/s 的速度水平移动，激光焦点将从远离到刚好接触，再进入靶材体内，直至不足以损伤靶材表面为止。之所以将 z 轴、y 轴的速度比、位移比定为 1∶10，是因为这样可以使焦点对靶材的作用时间增长，划痕长度增加。由于高重频激光加工会在靶材上快速聚焦大量热量，由于玻璃的特殊属性，局部高温很容易导致玻璃炸裂。所以在选择激光加工功率时不能过高，在选用平台移动速率，尤其是侧移速率不能过低。而这点在 Topas 激光加工实验中是根本不用考虑的。

（3）镨钕玻璃与石英玻璃刻痕对比

用 20 倍物镜观测到五种波长在镨钕玻璃上的烧蚀加工后的照片如图 4–35 所示，图中仅可见只有特征波长 739 nm 和 807 nm 的入射激光在镨钕玻璃表面烧蚀加工出明显的外凸痕迹，720 nm、775 nm 和 846 nm 这三个非特征波长未出现加工痕迹，未发生可见烧蚀现象；这五种波长在普通石英玻璃上烧蚀时都未留下可见烧蚀痕迹。

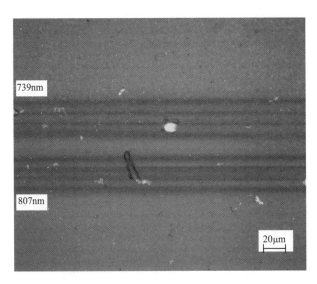

图 4–35　不同波长的 MaiTai 出射激光烧蚀加工镨钕玻璃结果

第 2 章中表 2-2 为镨钕玻璃在不同波长处的吸收率的实测数据。从表中可以看出 807 nm 入射激光的近 96.84% 的能量都被镨钕玻璃所吸收，739 nm 激光也有高达 92.72% 的能量被吸收，因而在这两种波长激光作用下将会有大量的基态电子被激发至高能级状态；但是对 775 nm 入射激光仅有两共振波长吸收率的 1/3，720 nm、846 nm 波长的入射光吸收率则更低，仅为共振波长吸收率的近 1/5。镨钕玻璃在 80 MHz 高重频飞秒激光的作用下，由于对共振波长能量的吸收率极高，又加之脉冲之间的能量存在耦合叠加作用，使得焦点处局部温度得以迅速升高，达到极高温度值，以至于熔融靶材，实现以热加工的方式烧蚀去除的效果；但对于非共振波长就不一样，由于其能量的吸收率极低，能量累积也还达不到阈值温度，因而不能在靶材表面产生烧蚀痕迹。这就解释了为何镨钕玻璃上仅留下两条刻痕。从图 4-35 中还可以看出 807 nm 刻痕比 739 nm 的要宽要深，这是由于 807 nm 激光的吸收率高于 739 nm 的吸收率，在后续实验中能够得知 807 nm 波长的烧蚀阈值低于 739 nm 波长的烧蚀阈值。

（4）共振波长下镨钕玻璃烧蚀阈值研究

为了进一步定量研究在高重频激光热效应作用下共振吸收对加工效率的影响，在接下来的实验中仍然采用刻槽的方式来求解烧蚀阈值。因之前所采用五种波长进行烧蚀时留下的是凸痕，在测量时不太好确定烧蚀轮廓的边界，从而给烧蚀阈值的计算带来较大误差。故应增大聚焦物镜倍数，减慢靶材垂直于入射激光的侧移速率，使其能得到熔融烧蚀轮廓边界清晰的凹痕。

为了进一步增加光束的聚焦，将物镜由之前的 10×，NA0.25 换成 20×，NA0.4 的长焦距镜头，靶材在 z、y 方向的运动速度均为 50 μm/s（z 轴、y 轴速度比、位移比均为 1∶1），激光焦点将从远离再逐渐靠近，到刚好接触，再进入靶材体内，直至不足以损伤靶材表面为止。采用两个特征波长 739 nm 和 807 nm，入射激光功率仍为 1 W。用 Axio LSM700 共聚焦显微镜 20 倍物镜测得其熔融刻蚀形貌轮廓如图 4-36 所示，上边为共振波长 739 nm 的烧蚀加工形貌图，下边为共振波长 807 nm 的烧蚀加工形貌图。图中能清晰地看到明显的加工后内陷区域。对比发现：807 nm 烧蚀刻痕轮廓的长度和宽度都较 739 nm 的烧蚀加工轮廓尺寸有所增大。

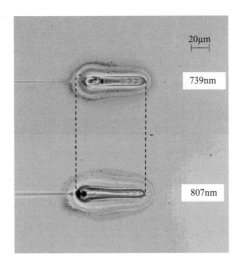

图 4-36　两共振波长的 MaiTai 出射激光烧蚀加工镨钕玻璃的烧蚀形貌轮廓图

为了减少测量误差对熔融烧蚀阈值计算结果的影响，测量加工凹痕轮廓的总长度 $2Z_m$ 再除以 2 得到 Z_m，再代入阈值求解式（4-15），计算出镨钕玻璃在 739 nm 和 807 nm 两特征共振波长的高重频飞秒激光作用下镨钕玻璃的烧蚀阈值 F_{th}。测量数据并计算烧蚀阈值如表 4-20 所示。

表 4-20　不同波长的 MaiTai 出射激光烧蚀加工镨钕玻璃的轮廓尺寸及烧蚀阈值

波长 /nm	束腰半径 /μm	烧蚀轮廓长度 μm	烧蚀轮廓宽度 /μm	烧蚀阈值 /（J/cm^2）	$\dfrac{Z_m - Z_{m739}}{Z_{m739}}$ /%	$\dfrac{F_{th739} - F_{th}}{F_{th739}}$ /%
739	1.62	85.878	31.615	1.598×10^{-2}	0	0
807	1.79	106.062	38.014	1.302×10^{-2}	23.50	18.52

阈值计算结果如表 4-20 所示，特征波长 807 nm 刻蚀镨钕玻璃的烧蚀轮廓长度相比于 739 nm 增加了 23.50%，其熔融烧蚀阈值较波长 739 nm 则

降低了 18.52%。镨钕玻璃在 807 nm 处的吸收系数较 739 nm 处虽然只增长了 4.25%，但是就算这么小的吸收系数差异却导致了两共振波长的烧蚀轮廓长度和烧蚀阈值的很大差别，这就说明了材料的吸收系数对高重频热加工下熔融烧蚀阈值影响很大。在 1 kHz 重复频率的 Topas 刻线实验中烧蚀阈值为 1.227 ~ 1.703 J/cm^2，而 80 MHz 高重频激光在热加工作用镨钕玻璃的烧蚀阈值相比于 1 kHz 激光加工的烧蚀阈值有两个数量级的下降，这进一步证明了热累积作用是高重频飞秒激光加工的主要影响因素。

（5）实验结果的分析

由镨钕玻璃和钛玻璃烧蚀阈值实验结果可知，多光子烧蚀阈值都为 1.5 ~ 2.0 J/cm^2。现在以 1.5 J/cm^2 的烧蚀阈值估算入射激光所需的最小功率：假设光束束腰半径为 2.5 μm、入射激光脉宽 120 fs、重复频率 1 kHz，根据式（4–8）可求出达到靶材表面烧蚀破坏的入射激光最小功率约为 0.15 mW，那么单脉冲激光能量应为 0.15 μJ。而按照 Li M 所研究的关于介质材料烧蚀时的阈值电子数密度约为 10^{21} cm^{-3}[155]的结论，即 0.15 μJ 的单脉冲激光能量辐照之下能够在介质材料表面激发出的电子数密度可以达到这个阈值电子密度数。

普通石英玻璃的带隙宽度 E_g=9 eV，800 nm 波长激光的单光子能量为 1.55 eV，按照式（2–2）可以算出价带电子需要至少同时吸收 6 个光子才能被激发到导带成为自由电子，即 k=6。多光子吸收情况下，根据式（2–6）可知靶材中电子的电离速率 $dn_e/dt \approx \sigma_k I^k \propto I^k$，所以 $dn_e/dt \propto I^6$。MaiTai 的重复频率高达 80 MHz，以 1 W 功率输出的激光单脉冲能量只有 12.5 nJ，相比 Topas 的 1 kHz 重复频率增大了近 10^5 倍，单脉冲能量降低为 $1/10^5$，仅为介质能量阈值 0.15 μJ 的 1/12。那么在相同的作用时间内，电子数密度较阈值电子数密度降低了 12^6，即在 12.5 nJ 的单脉冲能量作用下，靶材表面通过多光子电离激发出的自由电子数密度约为 10^{21} cm^{-3}/12^6=3.4 × 10^{14} cm^{-3}，这相比于 10^{21} cm^{-3} 相差了 7 个数量级，远远小于介质材料阈值电子数密度；即便对于镨钕玻璃的最强共振波长 586 nm，若按烧蚀阈值为 1.2 J/cm^2 计算，其在镨钕玻璃表面激发出的自由电子数密度

也仅仅只有 $1.3 \times 10^{15}\,cm^{-3}$，仍然相差 6 个数量级，无论如何也达不到阈值电子数密度要求。所以 80 MHz 的高重频激光不可能让介质通过电子电离来达到阈值电子数密度，从而实现有效烧蚀，所以它不可能通过冷加工来实现烧蚀加工。

镧系元素的能级寿命一般超过了 1 μs，晶格达到热平衡的时间也需要约 1 μs[156]。1 kHz 重复频率的脉冲激光，脉冲间隔长达 1 ms，远远大于 1 μs，完全可以认为每个脉冲的作用是孤立的，脉冲之间相互独立，没有关联。靶材的烧蚀加工可以看作是单个脉冲加工结果的直接简单叠加；但对于 80 MHz 重复频率的脉冲激光，脉冲间隔却只有 12.5 ns，远小于镧系元素的能级寿命和晶格达到热平衡的时间 1 μs，那么脉冲作用于靶材时，上一个脉冲的激光能量必将累加到下一个脉冲中。逐个脉冲能量叠加作用，于是脉冲之间能量发生耦合。所以 1 μs 内将是大量高频脉冲共同作用，其结果是焦点处的局部温度持续上升，直至靶材表面的熔融烧蚀。那么本实验是基于热效应的热加工烧蚀去除，这完全不同于 Topas 下 1 kHz 激光的"冷加工"烧蚀。

4.7 本章小结

利用聚焦的 Topas 出射光，选择了 586 nm 为共振波长，500 nm、550 nm、650 nm、700 nm 非共振波长作为对比波长，通过 Topas 改变并选择所需加工激光波长，分别改变脉冲数和入射飞秒激光的能量大小，通过聚焦物镜聚焦后对其进行焦点打孔加工，最后利用烧蚀孔的孔径和孔深数据对烧蚀阈值、单位脉冲烧蚀深度、共振烧蚀体积、共振烧蚀下降比等指标进行了对比分析共振加工效率。通过总结分析得到以下结论：

（1）镨钕玻璃的共振 / 非共振吸收波长作用下的烧蚀阈值比：1/1.696 ~ 1/1.144，烧蚀阈值下降比：9.941% ~ 41.029%，烧蚀效率比在小于 $2.12 \times 10^{14}\,W/cm^2$ 功率密度时为 1.5 ~ 4.78，烧蚀体积比为 4.293。

（2）共振效应的大小受到脉冲数和入射激光功率密度影响明显。100 脉冲之内共振效应明显且呈现出线性近似，500 个脉冲后开始进入饱和，1000 个脉冲完全饱和，共振效应基本消失；入射激光功率密度小于

2.12×10^{14} W/cm^2 时共振效应明显，当功率密度大于 6.36×10^{14} W/cm^2 时开始进入饱和，当功率密度大于 14.84×10^{14} W/cm^2 时共振效应完全消失。

（3）入射激光功率密度小于 2.12×10^{14} W/cm^2 时、Keldysh 参数 γ 大于 1 时以多光子电离起主导作用，共振吸收效应才会产生。否则隧道电离起主导作用，共振吸收效应便会减弱直至消失。

然后对另一掺杂钬玻璃选用其特征吸收波长 445 nm 作为共振波长，选择 400 nm、500 nm、550 nm、600 nm 四个非共振波长作为对比波长进行烧蚀阈值研究。发现非共振 / 共振波长阈值比为 1.224 ~ 1.669，共振 / 非共振烧蚀阈值下降为 14.689% ~ 40.073%。综合发现在镨钕玻璃和钬玻璃两种材料中表现出了相同的共振吸收效应规律。

飞秒激光的单脉冲步进打孔烧蚀加工镨钕玻璃实验研究了共振吸收对镨钕玻璃和石英玻璃烧蚀效率的影响及共振烧蚀的条件。807 nm 波长作用镨钕玻璃相对于 775 nm 最大深度比为 1.323，最大提升比为 32.283%；相对于石英玻璃最大深度比为 1.448，最大提升比为 44.828%。；对于非特征波长 775 nm 和 720 nm，无共振烧蚀效应。实验研究还表明共振烧蚀效率受入射激光光强的影响很大，当光强小于 0.556×10^{14} W/cm^2 时，多光子电离占主导，共振烧蚀效率显著，微孔的烧蚀深度随波长的增大而加深；当光强大于 0.556×10^{14} W/cm^2 时，隧道电离占主导，共振烧蚀效率基本消失，微孔的烧蚀深度随波长的增大而变浅。

在激光不同重复频率加工镨钕玻璃和石英玻璃实验中研究了从 MaiTai 输出的 80 MHz 和从 Topas 输出的 1kHz 的两种不同重复频率下的飞秒激光对镨钕玻璃和石英玻璃共振烧蚀效应对比。

80 MHz 高频激光作用下 739 nm 的熔融烧蚀阈值为 1.598×10^{-2} J/cm^2，807 nm 作用的熔融烧蚀阈值为 1.302×10^{-2} J/cm^2，特征波长 807 nm 烧蚀加工对应的熔融烧蚀阈值较波长 739 nm 降低了 18.52%；较 1 kHz 飞秒激光冷加工，烧蚀阈值降低了两个数量级，热累积是 80 MHz 飞秒激光烧蚀加工的主要因素。由于镨钕在 807 nm 和 739 nm 处的吸收系数的差异导致该两共振波长的烧蚀阈值的差别。而在 1 kHz 的 Topas 刻线实验中烧蚀阈值为 1.227 ~ 1.703 J/cm^2，可见在 80MHz 热加工下，镨钕玻璃的烧蚀阈值有两个数量级的降低，进一步证明了热累积作用是该高重频飞秒激光加工的主要影响因素。

镨钕玻璃和石英玻璃倾斜刻线加工，实验结果表明：在非共振波长 720 nm、775 nm 和 846 nm 的烧蚀下，两种靶材上的烧蚀长度基本相等，即非共振波长对靶材的烧蚀阈值没有任何影响；在共振波长 807 nm 的烧蚀下，镨钕玻璃上的烧蚀长度是石英玻璃的 1.07 倍，较其增长了 7.16%，推算 807 nm 波长加工下的靶材烧蚀阈值，石英玻璃为 1.404 J/cm^2，镨钕玻璃为 1.227 J/cm^2，降低了 12.61%，可见共振波长对靶材的烧蚀阈值有一定影响。807 nm 波长作用下两种靶材的烧蚀阈值下降，而非共振波长 720 nm、775 nm、846 nm 在两种靶材上烧蚀效果几乎没有差异。

5   总结与展望

5.1 全文总结

飞秒激光微纳制造融合了多个学科理论，应用于众多领域和行业，成为当前微小尺寸高精度制造的研究热点，但是人们对飞秒激光与材料相互作用机理仍不十分清楚，这制约了飞秒激光的应用。人们虽然提出了一些理论和模型，但往往都只是局限于特定的对象和特定的条件，且这些理论和模型也一直受到学术界的争论。另一方面随着加工的时间和空间尺度的进一步减小，量子效应越来越凸显，传统经典理论已经不再能进行分析和解释。

飞秒激光微纳制造作为一种新兴的高精密加工技术，当前这种先进的微纳制造和精密加工工具，可实现几十纳米的超分辨超精细的微纳加工，但是在实际工程应用中其加工效率一直不高，其加工精度和加工效率很难两全，这使得其高精度的优势受到了牵制，成为飞秒激光加工有效运用的一个瓶颈。

本研究主要针对一种基于入射激光光子能量与被加工靶材电子跃迁能级差相等或相近时能够有效提高飞秒激光精密加工效率的共振吸收效应制造方法，进行了机理上的电子动力学仿真和烧蚀效率实验，阐明共振吸收制造的微观机理，同时探究该方法在实际工程应用中的影响因素和加工规律。在理论研究方面，采用当前学术界公认的最有效的含时密度泛函理论分析电离机制和规律的方法，基于量子模型，从电子动力学角度对 Na_4 团簇进行理论研究并进行第一性原理仿真，阐述了共振吸收效应的机制和规律。在实验研究方面：选用具有选择性吸收特性的镨钕玻璃和钬玻璃作为加工靶材进行共振效应吸收烧蚀加工，研究了其加工中所表现出的规律。

主要工作如下：

1.从电子能级和能级跃迁分析了镨钕玻璃和钬玻璃的特性及飞秒激光

共振烧蚀掺杂稀土镧系元素玻璃的物理机制。首先，分析了 Nd^{3+} 电子层 4f 亚外层上的电子，其较为活跃。同时它又受到外层 $5s^2 5p^6$ 满排电子的屏蔽保护作用，使得其轨道上电子几乎不受外电场影响，4f 亚层上的电子跃迁能形成锐利、长能级寿命和极为稳定的光谱线。因此镨钕玻璃可以成为超短脉冲激光共振吸收烧蚀加工的很适合的选材；然后介绍了镨钕玻璃和钬玻璃的在近紫外光至近红外光范围内的吸收光谱特性。通过在普通硅酸盐玻璃中掺入金属离子可以改变加工靶材的吸收特性，使其产生明显的吸收峰。镨钕玻璃的吸收波长 586 nm 和 807 nm，钬玻璃的 445 nm 的吸收波长均对入射光具有很强的吸收能力，正是由于其高吸收系数和吸收率，才使得激光加工时产生多光子电离；最后，分析了飞秒激光烧蚀掺杂玻璃的束缚电子对入射激光能量吸收和非线性电离作用的机理：飞秒激光首先通过多光子共振电离激发出自由种子电子进入导带，随后导带中自由种子电子又在电子碰撞电离和雪崩电离的激励作用之下使得数目和密度呈指数规律迅速增长，从而形成高浓度载流子的等离子体，等离子体将进一步吸收入射脉冲激光剩余部分能量直至靶材的损伤阈值，从而达到精细去除的目的。

2. 介绍了超快激光与材料相互作用的基本原理以及（含时）密度泛函理论量子模型以及对共振效应的含时泛函分析。在本章的研究中，采用含时密度函数理论用来描述在 Na_4 团簇的共振飞秒激光脉冲作用下非线性电子–光子相互作用，讨论了脉冲能量分布、脉冲数、脉冲间隔、脉冲相位、偏振状态等激光参数对共振吸收的影响。①共振情况下，在激光与材料相互作用过程中电子电离伴随着偶极矩的强烈振荡；②共振效应下，材料的偶极矩、电子电离和吸收的能量都会显著增强，在相同能量密度的飞秒激光作用下，共振效应电离出的电子和吸收的总能量高出非共振情况的结果近 2 个数量级；③在共振和非共振两种情况下电离电子数、吸收能和平均吸收能都会随着脉冲数增加而降低；④在非共振情况下团簇基本未电离并且高价电离概率几乎可以忽略不计，而在共振激光脉冲照射下高价态逐渐占据主导地位；⑤通过调控超快激光脉冲序列参数，可以控制光子吸收、电子电离、偶极矩和电离概率等材料的电子动力学。

3. 向硅酸盐玻璃中掺入稀土镨钕离子后，由于钕离子独有的能级和能级跃迁，使得镨钕玻璃具有对入射光选择性吸收的特性，586nm 是吸收峰中的最强峰，约为其他最弱吸收波长的 5 倍。以镨钕玻璃为实验对象，选择了 586nm 为共振波长，500nm、550nm、650nm、700nm 非共振波长作为对比波长，通过 Topas 改变并选择所需加工激光波长，分别改变脉冲数和入射飞秒激光的能量大小，通过聚焦物镜聚焦后利用激光焦点在靶材表面打孔加工，最后通过烧蚀孔的孔径和孔深数据对烧蚀阈值、单位脉冲烧蚀深度、共振烧蚀体积、共振烧蚀下降比等指标进行了对比分析共振加工效率。

通过总结分析得出：①镨钕玻璃在共振吸收波长作用下的烧蚀阈值仅为其他非共振波长烧蚀阈值的 1/1.696 ~ 1/1.144，共振烧蚀阈值下降比为 9.941% ~ 41.029%，共振波长与非共振波长烧蚀效率比在小于 2.12×10^{14} W/cm^2 功率密度时可以达到 1.5 ~ 4.78，共振烧蚀体积可以最大达到同等情况下非共振烧蚀体积的 4.293 倍。②共振效应的大小受到脉冲数和入射激光功率密度的影响。100 个脉冲之内共振效应明显且呈现出线性近似，500 个脉冲后开始进入饱和，1000 脉冲完全饱和，共振效应基本消失；入射激光功率密度小于 2.12×10^{14} W/cm^2 时共振效应明显，当功率密度大于 6.36×10^{14} W/cm^2 时开始进入饱和，当功率密度大于 14.84×10^{14} W/cm^2 时共振效应完全消失。③入射激光功率密度小于 2.12×10^{14} W/cm^2 时 Keldysh 参数 γ 大于 1，此时以多光子电离起主导作用，共振吸收效应起作用。当超过这个功率密度范围时，隧道电离起主导作用，共振吸收效应便会减弱直至消失。

4. 对钛玻璃选用其特征吸收波长 445 nm 作为共振波长，选择 400 nm、500 nm、550 nm、600 nm 四个非共振波长作为对比波长对其烧蚀阈值进行了研究。发现非共振波长与共振波长阈值比例最大比值为 1.669，最小比值为 1.224。共振烧蚀阈值相比于非共振烧蚀阈值最大下降了 40.073%，最小也下降了 14.689%。通过对镨钕玻璃和钛玻璃的选择性加工证明了：①在两种材料中表现出了相同的共振吸收效应规律；②向基质材料中加入特殊的稀土金属离子后产生中间能级，改变光吸收特性，使材料在特定波段产生对光子的非线性多光子共振吸收效应，从而可以减小烧蚀阈值，大幅提高加工效率。

5. 采用飞秒激光的单脉冲步进式烧蚀打孔镨钕玻璃实验，研究了共振吸收对镨钕玻璃烧蚀效率的影响及共振烧蚀的条件。807 nm 波长作用镨钕玻璃相对于 775 nm 最大深度比为 1.323，最大提升比为 32.283%；相对于石英玻璃最大深度比为 1.448，最大提升比为 44.828%。对于非特征波长 775 nm 和 720 nm，无共振烧蚀效应。实验研究还表明共振烧蚀效率受入射激光光强的影响很大，当光强小于 0.556×10^{14} W/cm^2 时，多光子电离占主导，共振烧蚀效率显著，微孔的烧蚀深度随波长的增大而加深；当光强大于 0.556×10^{14} W/cm^2 时，隧道电离占主导，共振烧蚀效率基本消失，微孔的烧蚀深度随波长的增大而变浅。

6. 通过实验研究了从 MaiTai 输出的 80 MHz 和从 Topas 输出的 1 kHz 的两种不同重复频率下的飞秒激光对镨钕玻璃和石英玻璃进行刻蚀实验，研究在不同重复频率下的共振吸收效应。

由于 80 MHz 飞秒激光相比于 1 kHz 飞秒激光的重复频率约为 10^5 倍，单脉冲能量极低，普通波长激光无法通过冷加工的方式在靶材表面激发出所需的阈值电子数密度；但由于镨钕玻璃对共振波长的能量吸收率极高，并且其脉冲间隔时间 12.5 ns 远小于约 1 μs 的晶格热平衡弛豫时间，脉冲之间存在能量耦合叠加作用，从而使得靶材焦点处的能量在高频脉冲作用下迅速累积，局部温度急剧升高至阈值温度，电子数密度达到阈值，以热效应的方式熔融烧蚀靶材；非共振波长虽然在脉冲间隔时间、脉冲之间能量耦合和叠加方面也具有高重频激光类似特点，但是由于其能量被靶材的吸收率极低，无法达到阈值电子数密度和阈值温度，因此实验中未见靶材表面产生烧蚀痕迹。

利用 1 kHz 的 Topas 激光光源，选用了镨钕玻璃的共振波长 807 nm 和非共振波长 720 nm、775 nm、846 nm 分别对靶材镨钕玻璃和石英玻璃进行了倾斜刻线烧蚀加工，实验结果表明：在非共振波长 720 nm、775 nm

和 846 nm 的烧蚀下，两种靶材上的烧蚀长度基本相等，即非共振波长对靶材的烧蚀阈值没有任何影响；而在共振波长 807 nm 的烧蚀下，镨钕玻璃上的烧蚀长度是石英玻璃的 1.07 倍，较其增长了 7.16%，推算 807 nm 波长加工下的靶材烧蚀阈值，石英玻璃为 1.404 J/cm^2，镨钕玻璃为 1.227 J/cm^2，降低了 12.61%，可见共振波长对靶材的烧蚀阈值有一定影响。进一步分析，发现在靶材烧蚀阈值附近，807 nm 波长作用下两种靶材的光致电离方式都为多光子电离，然后镨钕玻璃由于具有共振吸收效应，束缚电子对光子的吸收更为强烈，能更容易地电离出初始种子电子，所以较普通多光子电离，共振波长的多光子电离能为随后的雪崩电离和碰撞电离提供更多的种子电子，从而电离更为剧烈，烧蚀阈值更低，加工效率更高。

80 MHz 高频激光作用下分别用 739 nm、807 nm、720 nm、775 nm、846 nm 进行倾斜划线烧蚀加工实验。经实测后计算得到特征波长 739 nm 的熔融烧蚀阈值为 1.598×10^{-2} J/cm^2，特征波长 807 nm 作用的熔融烧蚀阈值为 1.302×10^{-2} J/cm^2，波长 807 nm 烧蚀加工对应的熔融烧蚀阈值较波长 739 nm 降低了 18.52%；较 1 kHz 飞秒激光冷加工，烧蚀阈值降低了两个数量级，热累积是 80 MHz 飞秒激光烧蚀加工的主要因素。由于镨钕在 807 nm 和 739 nm 处的吸收系数的差异导致该两共振波长的烧蚀阈值的差别。由于累积作用，80 MHz 热加工下的镨钕玻璃的烧蚀阈值较 1 kHz 飞秒激光作用的烧蚀阈值也降低了两个数量级。

5.2 研究展望

由于受实验条件和研究时间的限制，部分工作完成得还不够完善，接下来可在如下几方面作进一步的探究：

1. 对飞秒激光烧蚀加工介质材料的加工过程进行动态研究。本研究中只是针对试验后的测量数据再进行相关计算和统计，得出一些事实结论，但是并没有对烧蚀加工过程中的诸多细节进行更广泛、更深入的探究。下一步可以对整个烧蚀过程进行更全面的、定量的动态研究，对烧蚀去除的机理做出更深刻的认识，从而找到提高加工效率的突破口，这样就为将来的实验设计与结果分析提供重要理论基础。

2. 脉冲序列参数的最佳优化组合。影响和改变加工效果与效率的因素很多，如波长、脉宽、脉冲数、脉冲间隔、能量分布、偏振等，而这些参数组合起来将会产生巨大的组合数，对加工质量和效率将会产生众多影响。但是现在所做的工作都是针对单变量进行的理论分析和实验研究。下一步可以先通过理论计算，分析哪些参数的组合会更有效果，然后再进行实验测试，以寻找和实现所用加工激光参数的最优组合控制。

3. 其他更多类的介质材料的共振吸收效应。由于实验室的设备使用年久，1kHZ 激光源稳定性不太理想，Topas 的光斑质量较差，偏离高斯分布有些严重，对其他材料的实验效果不太明显，故本实验中只针对效果明显的掺杂稀土镧系元素钕的镨钕玻璃、掺杂钬离子的钬玻璃以及石英玻璃展开对比研究。不过通过参考文献可以看出共振吸收对加工其他材料的效率提高是有效果的。然而每种介质材料所具有的光学特性、能级结构等存在有区别，共振吸收效应在不同材料中具有各自的差异。所以待设备改进后，后续仍可以展开对其他更多类介质材料，比如有机聚合物、半导体等进行共振吸收烧蚀加工的对比实验研究。

4. 等离子体共振吸收及其对加工效率的影响。飞秒激光烧蚀加工中，当大量自由电子被激发后，将形成高浓度载流子的等离子体，其将反射或吸收的方式阻止靶材对后续入射光能量的吸收，严重阻碍激光光束进一步加工，从而影响飞秒激光的加工效率。探索等离子体的发生过程及对加工过程影响的机理以提高飞秒激光加工效率。寻求有效技术和装置，尽早、尽快地驱除聚焦区所形成的等离子体，减小和消除其对加工的影响。同时也可以通过等离子体共振瞬时吸收更多的激光能量，利用等离子体的作用使得局部库仑力快速达到失去原有衡，实现微爆炸去除加工。

5. 双波长飞秒激光烧蚀加工。利用镨钕玻璃电子能级的寿命较长的特点，可设计一双波长加工实验：通过第一激光束使价带中电子尽可能多地跃迁到较高能级，再控制第二激光束在能级寿命时间内入射至同一聚焦点，以实现高能电子的快速和大量电离，从而降低靶材的烧蚀阈值，实现烧蚀效率的提高。

参考文献

[1] 崔铮. 微纳米加工技术及其应用综述 [J]. 物理 , 2006, 1(35): 34–39.

[2] 崔铮, 陶佳瑞. 纳米压印加工技术发展综述 [J]. 世界科技研究与发展 , 2006,26(1):7–12.

[3] Maiman T. Stimulated optical radiation in ruby[J]. Nature,1960, 187(4736): 493–494.

[4] Dubey A K, Yadava V. Laser beam machining—a review[J]. International Journal of Machine Tools and Manufacture, 2008, 48(6): 609–628.

[5] Vishnubhatla K C, Clark J, Lanzani G, et al. Ultrafast optofluidic gain switch based on conjugated polymer in femtosecond laser fabricated microchannels[J]. Applied Physics Letters, 2009, 94(4): 041123.

[6] Gong J X, Zhao X M, Xing Q R, et al, Femtosecond laser–induced cell fusion[J]. Applied Physics Letters, 2008, 92(9): 093901.

[7] Nakata Y, Okada T, Maeda M. Micromachining of a thin film by laser ablation using femtosecond laser with masks[J]. Optics and Lasers in Engineering, 2004, 42(4): 389–393.

[8] 刘新灵, 陶春虎, 刘春江, 等. 航空发动机叶片气膜孔加工方法及其演变分析 [J]. 材料导报 , 2013, 27(21): 117–120.

[9] 陈果夫, 程光华, 令维军. 飞秒激光产生与放大技术 [J]. 红外与激光工程 , 2008, 37(2): 195–199.

[10] Spence D E, Kean P N, Sibbell W. 60–fsec pulse generation from a self–mode locked T: sapphire laser[J]. Optics Letters , 1991, 16(1): 42–44.

[11] 姚建铨. 奇异的光——激光 [M]. 北京 : 清华大学出版社 , 2000: 56–66.

[12] Hashida M, Mishima H, Tokita S. Non–thermal ablation of expanded polytetrafluoroethylene with an intense femtosecond–pulse laser[J]. Optics Express, 2009, 17(15): 13116–13121.

[13] Lugovskoy A V, Bray I. Ultrafast electron dynamics in metals under laser

irradiation[J]. Physical Review B, 1999, 60(5): 3279–3288.

[14] Kawata S, Sun H B, Tanaka T, et al. Finer features forfunctional microdevices[J]. Nature, 2001, 412(6848): 697–698.

[15] Chichkov B N, Momma C, Nolte S, et al. Femtosecond, picosecond and nanosecond laser ablation of solids[J]. Applied Physics A, 1996, 63(2): 109–115.

[16] 杨建军. 飞秒激光超精细"冷"加工技术及其应用 [J]. 激光与光电子学进展, 2004, 41(3): 42–57.

[17] Stoian R, Ashkenasi D, Rosenfeld A, et al. The dynamics of ion expulsion in ultrashort pulse laser sputtering of Al_2O_3[J]. Nuclear Instruments and Methods in Physics Research B, 2000, 166–167(2): 682–690.

[18] Rudolph P, Kautek W. Composition influence of non–oxidic ceramics on self–assembled nanostructures due to fs–laser irradiation[J]. Thin Solid Films, 2004, 453–454(4): 537–541.

[19] Dumitru G, Romano V, Weber H P, et al. Femtosecond ablation of ultrahard materials[J]. Applied Physics A, 2002, 74(6): 729–739.

[20] Yanik M F, Cinar H, Cinar H N, et al. Neurosurgery: Functional regeneration after laser axotomy[J]. Nature, 2004,432(7019): 822.

[21] Xu C C, Jiang L, Leng N, et al. Selective triggering of phase change in dielectric by femtosecond pulse trains based on electron dynamics control[J]. Chinese Physics B, 2013,22(4):334–337.

[22] Qi Y, Qi H X, Chen A, et al. Improvement of aluminum drilling efficiency and precision by shaped femtosecond laser[J]. Applied Surface Science, 2014, 317: 252–256.

[23] Qi Y, Qi H X, Wang Q X, et al. The Influence of double pulse delay and ambient pressure on femtosecond laser ablation of silicon[J]. Optics & Laser Technology, 2015, 66: 68–77.

[24] Wang C, Duan J A, Jiang L, et al. Effects of key pulse train parameters on electron dynamics during femtosecond laser nonlinear ionization of silica[J]. Laser Physics, 2015, 25(6): 066101.

[25] Zhang Y, Wang Y Q, Zhang J Z, et al. Micromachining features of TiC ceramic by femtosecond pulsed laser[J]. Ceramics International, 2015, 41(5): 6525–6533.

[26] Hashmi S. Comprehensive Materials Processing[M]. Amsterdam: ElseVier Ltd, 2014.

[27] Oxford Lasers Ltd. Gallery of laser micro drilling[EB/OL]. http://www.

oxfordlasers.com.

[28] Rutterford G,Kamakis D, Webb A, et al. Optimization of the laser drilling process for fuel injection component[EB/OL]. http://www.researchgate.net/ publication/255607788.

[29] Yilbas B S, Khaled M, Abu–dheir N, et al. Laser texturing of alumina surface for improved hydrophobicity[J]. Applied Surface Science, 2013, 286(12): 161–170.

[30] Vorobyev A Y, Guo C L. Femtosecond laser surface structuring technology for making human enamel and dentin surface superwetting[J]. Applied Physics B, 2013, 113(3): 423–428.

[31] Wang Z, Zhao Q Z, Wang C W, et al. Modulation of dry tribological property of stainless steel by femtosecond laser surface texturing[J]. Applied Physics A, 2015, 119(3): 1155–1163.

[32] Buividas R, Mikutis M, Juodkazis S. Surface and bulk structuring of materials by ripples with long and short laser pulses: Recent advances[J]. Progress Quantum Electronics, 2014, 38(3): 119–156.

[33] Vilar R, Sharma S P, Almeida a, et al. Surface morphology and phase transformations of femtosecond laser–processed sapphire[J]. Applied Surface Science, 2014, 288(1): 313–323.

[34] Salimina A, Proulx A, Vallee R. Inscription of strong brag gratings in pure silica photonic crystal fibers using UV femtosecond laser pulses[J]. Optics Communications, 2014, 333(333): 133–138.

[35] Allsop T, Kalli K, Zhou K, et al. Long period gratings written into a photonic crystal fiber by a femtosecond laser as directional bend sensors[J]. Optics Communications, 2010, 283(21): 4378–4382.

[36] Crespi A, Osellame R, Ramponi R, et al. Anderson localization of entangled photons in an integrated quantum walk[J]. Nature Photonics, 2013, 7(4): 322–328.

[37] Sugioka K, Cheng Y. Femtosecond laser thress–dimensional micro–and–nano fabrication[J]. Applied Physics Reviews, 2014,1(4): 041303.

[38] Liao Y, Ni J L, Qiao L L, et al. High–fidelity visualization of formation of volume nanogratings in porous glass by femtosecond laser irradiation[J]. Optica, 2015, 2(4): 329–334.

[39] Lv J M, Cheng Y Z, Yuan W H, et al. Three–dimensional femtosecond laser fabrication of waveguide beam splitters in LiNbO$_3$ crystal[J]. Optical Materials Express, 2015, 5(6): 1274–1280.

[40] Stone A, Jain H, Dierolf V, et al. Direct laser–writing of ferroelectric single–

149

crystal waveguide architectures in glass for 3D integrated optics[J]. Scientific Reports, 2015, 5(10):1039.

[41] Li Y, Qu S L. Water–assisted femtosecond laser ablation for fabricating three–dimensional microfluidic chips[J]. Current Applied Physics, 2013, 13(7): 1292–1295.

[42] Yan X,Jiang L,Li X,et al. Polarization–independent etching of fused silica based on electrons dynamics control by shaped femtosecond pulse trains for microchannel fabrication[J]. Optics Letters,2014,39(17):5240–5243.

[43] Luo S W, Tsai H Y. Fabrication of 3D photonic structure on glass materials by femtosecond laser modification with HF etching process[J]. Journal of Materials Processing Technology, 2013, 213(12): 2262–2269.

[44] Paiè P, Bragheri F, Vazquz R M, et al. Straightforward 3D hydrodynamic focusing in femtosecond laser fabricated microfluidic channels[J]. Lab on a Chip, 2014, 14(11): 1826–1833.

[45] Yang T, Paiè P, Nava G, et al. An integrated optofluidic device for single–cell sorting driven by mechanical properties[J]. Lab on a Chip, 2015, 15(5): 1262–1266.

[46] Zimmermann F, Richter S, Döring S, et al. Ultrastable bonding of glass with femtosecond laser bursts[J]. Applied Optics, 2013, 52(6): 1149–1154.

[47] Hélie D, Gouin S, Vallée R. Assembling an endcap to optical fibers by femtosecond laser welding and milling[J]. Optical Materials Express, 2013, 3(10): 1742–1754.

[48] Bolpe A, Niso F D, Gaudiuso C, et al. Welding of PMMA by a femtosecond fiber laser[J]. Optics Express, 2015, 23(4): 4114–4124.

[49] Demtroder W. Laser Spectroscopy Basic Concepts and Instrumentation[J]. Springer–Verlag,1981,82(11): 3361– 3362.

[50] Kawata S, Sun H B, Tanaka T, et al. Finer features for functional midrode vices[J]. Nature,2001,412(6848): 697–698.

[51] Yuan L, Ng M L, Herman P R. Femtosecond laser writing of phase–tuned volume gratings for symmetry control in 3D photonic crystal holographic lithography[J]. Optical Materials Express, 2015, 5(3): 515–529.

[52] Wu D, Wu S Z, Xu J, et al. Hybrid femtosecond laser microfabrication to achieve true 3D glass/polymer composite biochips with multiscale features and high performance:The concept of ship–in–a–bottle biochip[J]. Laser & Photonics Reviews, 2014, 8(3): 458–467.

[53] Wu D, Xu J, Niu L G, et al. In–channel integration of designable microoptical devices using flat scaffold–supported femtosecond–laser microfabrication for coupling–free

optofluidic cell counting[J]. Light :Science & Applications, 2015, 21(4), e228.

[54] Chen F, Yang Q, Shan C, et al. Fabrication of complex three–dimensional metallic microstructures based on femtosecond laser micromachining[C]// CLEO: Science and Innovations, 2015: SW1K.

[55] 常建华, 董绮功. 波谱原理及解析 (第二版)[M]. 北京 : 科学出版社 , 2005.

[56] 刘崇华, 黄宗平. 光谱分析仪器使用与维护 [M]. 北京 : 化学工业出版社 , 2010.

[57] Gattass R, Mazur E. Femtosecond laser micromachining in transparent materials [J]. Nature Photonics, 2008, 2(4): 219–225.

[58] Jiang L , Tsai H L. Repeatable nanostructures in dielectrics by femtosecond laser pulse trains [J]. Applied Physics Letters, 2005, 87(15): 151104.

[59] Lin C H, Rao Z H, Jiang L, et al. Investigations of femtosecond–nanosecond dual– beam laser ablation of dielectrics [J]. Optics Letters, 2010, 35(14): 2490–2492.

[60] 孙元征, 林晓辉, 陈云飞. 超短脉冲激光烧蚀熔融硅的理论模型 [J]. 功能材料与器件学报 , 2008, 14(1): 38–42.

[61] Mulser P, Kanapathipillai M, Hoffmann D H H. Two very efficient nonlinear laser absorption mechanisms in clusters[J]. Physical review letters, 2005, 95(10): 103401.

[62] Kundu M, Bauer D. Nonlinear resonance absorption in the laser–cluster interaction[J]. Physical review letters, 2006, 96(12): 123401.

[63] 张希艳, 卢利平, 柏朝晖, 等. 稀土发光材料 [M]. 北京 : 国防工业出版社 , 2005.

[64] 叶太兵. 激光等离子体屏蔽现象的实验研究 [D]. 南京 : 南京理工大学 , 2007.

[65] 常铁强. 激光等离子体相互作用与激光聚变 [M]. 长沙 : 湖南科学技术出版社 , 1991.

[66] 李玉同, 张杰, 陈黎明, 等. 对飞秒激光等离子体中成丝现象的研究 [J]. 物理学报 , 2001, 50(2): 204–207.

[67] 杨志林, 吴德印, 任斌, 等. 铑电极在紫外区的表面增强拉曼散射机理 [J]. 光谱学与光谱分析 , 2004, 24(6): 682–685.

[68] 陈云, 张冠文, 刘日威, 等. 表面等离子体共振快速检测仪研究及产品化探索 [J]. 现代科学仪器 , 2011, 1(3): 113–116.

[69] 赵晓君, 陈焕文. 表面等离子体子共振传感器 I：基本原理 [J]. 分析仪器 , 2000, 1(4): 1–8.

[70] 余兴龙, 蒋弘, 王浩娟, 等. 横向塞曼激光器在生物分子检测中的应用研究 [J]. 激光技术 , 2001, 25(2): 97–100.

[71] 赵成强, 徐文东, 洪小刚, 等. 探针诱导表面等离子体共振纳米光刻系统 [J]. 光学学报, 2009, 29(2): 473–477.

[72] 黄值河. 基于超连续谱光源的表面等离子体共振效应 [D]. 长沙: 国防科学技术大学, 2010.

[73] 孙颖, 曹彦波, 王兴华, 等. 小型波长检测型表面等离子体共振分析仪的设计与研制 [J]. 分析化学仪器装置与实验技术, 2011, 39(10): 1537–1542.

[74] Bubb D M, Toftmann B, Haglund Jr R F, et al. Resonant infrared pulsed laser deposition of thin biodegradable polymer films[J]. Applied Physics A, 2002, 74(1): 123–125.

[75] Hurst G S, Payne M G, Kramer S D, et al.Resonance ionization spectroscopy and one–atom detection [J]. Rev. Modern Phys., 1979, 51(4): 767.

[76] Xie Z Q, Zhou Y S, He X N, et al. Fast growth of diamond crystals in open air by combustion synthesis with resonant laser energy coupling[J]. Cryst. Growth Des., 2010, 10(4): 1762–1766.

[77] Bubb D M, Horwitz J S, Callahan J H. Resonant infrared pulsed–laser deposition of polymer films using a free–electron laser[J]. Journal of Vacuum Science &Technology A, 2001,19(5):2698–2702.

[78] Garrison B J, Srinivasan R. Microscopic model for the ablative photodecomposition of polymers by far–ultraviolet radiation(193nm)[J]. Applied Physics Letters, 1984,44(9):849.

[79] Dygert, N L, Schriver K E, Haglund R F. Resonant infrared pulsed laser deposition of a polyimide precursor[J]. Journal of Physics: Conference Series, 2007,59(1):651–656.

[80] Xie Z Q, Zhou Y S, He X N, et al. Fast growth of diamond crystals in open air by combustion synthesis with resonant laser energy coupling[J]. Crystal Growth Design, 2010,10(4):1762–1766.

[81] Jupé M, Jensen L, Melninkaitis A, et al. Calculations and experimental demonstration of multi–photon absorption governing fs laser–induced damage in titania [J]. Opt. Express, 2009, 17(15): 12269–12278.

[82] Hurst G S, Payne M G, Kramer S D , et al. Resonance ionization spectroscopy and one–atom detection [J]. Reviews of Modern Physics, 1979, 51(4):767–816.

[83] Saloman E B. A Resonance ionizatition spectroscopy/Resonance Ionization Mass Spectrometry Data Service. Ⅰ —Data Sheets for As, B, Cd, C, Ge, Au, Fe, Si and Zn [J]. Spectrochimica Acta Part B, 1990, 45(1–2): 37–83.

[84] Saloman E B. A Resonance ionizatition spectroscopy/Resonance Ionization Mass Spectrometry DaService. Ⅱ —Data Sheets for Al, Ca, Cs, Cr, Co, Cu, Kr, Mg, Hg and Ni[J].

Spectrochimica Acta Part B, 1991, 46(3): 319–378.

[85] Mclean C J, Singhal P P. Resonant laser ablation(RLA) [J]. International Journal of Mass Spectrometry and Ion Processes, 1990, 96(1): R1–R7.

[86] Verdun F R, Krier G, Muller J F. Increased sensitivity in laser microprobe mass analysis by using resonant two–photon ionization process [J]. Analytical Chemistry, 1987, 59(10):1383–1387.

[87] Ma J, Li C Y, Cui Z F. An investigation on the resonant laser ablation of Fe in metal sample [J]. Journal of Atomic and Molecular Physics, 2004, 21(1):12–14.

[88] Yorozu M, Yanagida T, Endo A. Laser microprobe and resonant laser ablation for depth profile measurements of hydrogen isotope atoms contained in graphite[J]. Applied Optics, 2001, 40(12): 2043–2046.

[89] Ma J, Li C Y, Cui Z F, et al. An investigation on the resonant laser ablation of Fe in metal sample[J]. Journal of Atomic and Molecular Physics, 2004, 21(2): 12–14.

[90] Gill C G, Garrett A W, Hemberger P H, et al. Resonant laser ablation as a selective metal ion source for gas–phase ion molecule reactions[J]. Journal of the American Society for Mass Spectrometry, 1996, 7(7): 664–667.

[91] Rothschopf G, Zoller J,Lewis R, et al. Electronic state detection/partitioning of atomic nickel during resonant laser ablation[J]. International Journal of Mass Spectrometry, 1995, 151(2–3): 167–174.

[92] Eiden G C, Nogar N S. The two–photon spectrum of iron and silicon detected by resonant laser ablation[J]. Chemical Physics Letters, 1994, 226(5–6): 509–516.

[93] Wang L, Singhal R P. Laser–induced collisional processes in resonant laser ablation of GaAs[J]. Applied Physics B, 1992, 54(1): 71–75.

[94] Gibson J K. Resonant laser ablation of lanthanides: Eu and Lu resonances in the 450–470nm region[J]. Analytical Chemistry, 1997, 69(2): 111–117.

[95] Wang L, Borthwick I S,Singhal R P. Observations and analysis of resonant laser ablation of GaAs[J]. Applied Physics B, 1991, 53(1): 34–38.

[96] Pang H M, Yeung E S. Laser–enhanced ionization as a diagnostic tool in laser generated plumes[J]. Analytical Chemistry, 1989, 61(22): 2546–2551.

[97] Burakov V S, Bokhonov A F, Nedelko M I, et al. Near–threshold laser–induced sputtering of aluminum surface by UV and IR irradiation[J]. Applied Surface Science, 1999, 138–139(1): 350–353.

[98] Hickstein D D, Dollar F, Ellis J L, et al. Mapping nanoscale absorption of

femtosecond laser pulses using plasma explosion imaging[J]. ACS Nano, 2014, 8(9): 8810–8818.

[99] Vinko S M, Ciricosta O, Preston T R, et al. Investigation of femtosecond collisional ionization rate in a solid–density aluminum plasma[J]. Nature Communications, 2015, 6: 6397.

[100] 张志刚 . 飞秒激光技术 [M]. 北京 : 科学出版社 , 2011.

[101] 杜祥琬 , 等 . 高技术要览——激光卷 [M]. 北京 : 中国科学技术出版社 , 2003.

[102] Keldysh L V. Ionization in the field of a strong electromagnetic wave[J]. Soviet Physics JETP, 1965, 20(5): 1307–1314.

[103] Schaffer C B, Brodeur A, Mazur E. Laser–induced breakdown and damage in bulk transparent materials induced by tightly focused femtosecond laser pulses[J]. Measurement Science and Technology, 2001, 12(11): 1784.

[104] Zhao Y D, Jiang L, Fang J Q, et al. Resonant effnects in nonlinear photon absorption during femtosecond laser ablation of Nd–doped silicate glass[J]. Applied Optics, 2012, 51(29): 7039–7045.

[105] Topcu T, Robicheaux F. Dichotomy between tunneling and multiphoton ionization in atomic photoionization: Keldysh parameter γ versus scaled frequency Ω [J]. Physical Review A, 2012, 86(5): 053407.

[106] Stuart B C, Feit M D, Herman S, et al. Nanosecond–to–femtosecond laser–induced breakdown in dielectrics[J]. Physical Review B, 1996, 53(4): 1749.

[107] Stuart B C, Feit M D, Herman S, et al. Optical ablation by high–power short–pulse lasers[J]. Journal of the Optical Society of America B, 1996, 13(2): 459–468.

[108] Lenzner M, Krüger J, Sartania S, et al. Femtosecond optical breakdown in dielectrics[J]. Physical Review Letters, 1998, 80(18): 4076.

[109] Du D, Liu X, Mourou G. Reduction of multi–photon ionization in dielectrics due to collisions[J]. Applied Physics B, 1996, 63(6): 617–621.

[110] Yu P Y, Cardona M. Fundamentals of semiconductors[M]. Berlin: Springer, 2005.

[111] Bloembergen N. Laser–induced electric breakdown in solids[J].IEEE Journal of Quantum Electronics, 1974, 10(3): 375–386.

[112] Silvestrelli P L, Alavi A, Parrinello M, et al. Structural, dynamical, electronic, and bonding properties of laser–heated silicon: An ab initio molecular–dynamics study[J]. Physical Review B, 1997, 56(7): 3806–3812.

[113] Sivakumar M, Tan B, Venkatakrishnan K. Enhancement of silicon nanostructures

generation using dual wavelength double pulse femtosecond laser under ambient condition[J]. Journal of Applied Physics, 2010, 107(4): 044307.

[114] 王莹. 高斯光束在等离子体中非线性传输特性的理论研究 [D]. 哈尔滨 : 哈尔滨工业大学 , 2013.

[115] 张希艳, 卢利平, 柏朝晖, 等 . 稀土发光材料 [M]. 北京 : 国防工业出版社 , 2005.

[116] 洪广言 . 稀土发光材料——基础与应用 [M]. 北京 : 科学出版社 , 2011.

[117] Du D, Liu X, Korn G, et al. Laser - induced breakdown by impact ionization in SiO_2 with pulse widths from 7 ns to 150 fs[J]. Applied Physics Letters, 1994, 64(23): 3071–3073.

[118] Glezer E N, Milosavljevic M, Huang L, et al. Three–dimensional optical storage inside transparent materials[J]. Optics Letters, 1996, 21(24): 2023–2025.

[119] Krause J L, Schafer K J, Kulander K C. Calculation of photoemission from atoms subject to intense laser fields[J]. Physical Review A,1992, 45(7): 4998–5010.

[120] Tong X M, Ranitovic P, Cocke C L,et al.Mechanisms of infrared–laser–assisted atomic ionization by attosecond pulses[J]. Physical Review A, 2010, 81(2): 021404–021407.

[121] Chu W C, Zhao S F, Lin C D. Laser–assisted–autoionization dynamics of helium resonances with single attosecond pulses[J]. Physical Review A,2011, 84(3): 033426–044436.

[122] Marques M A L, Gross E K U. Time–dependent density functional theory[J]. Annual Review Physical Chemistry, 2004, 55(1): 427–455.

[123] Harbola M K. Density–functional approach to obtaining excited states: Study of some open–shell atomic systems[J]. Physical Review A,2002, 65(5): 052504–052509.

[124] Appel H, Gross E K U, Burke K. Excitations in time–dependent density-functional theory[J]. Physical Review Letter, 2003, 90(4): 043005–043008.

[125] Chu X, Dalgarno A, Groenenboom G C. Dynamic polarizabilities of rare–earth–metal atoms and dispersion coefficients for their interaction with helium atoms[J]. Physical Review A, 2007, 75(3): 032723–032731.

[126] Wu K, Li J, Lin C. Remarkable second–order optical nonlinearity of nano–sized Au(20): cluster: a TDDFT study[J]. Chemical Physics Letters, 2004, 388(4–6): 353–357.

[127] Aikens C M, Li S, Schatz G C. From discrete electronic states to plasmons: TDDFT optical absorption properties of Ag–n (n=10, 20, 35, 56, 84, 120): tetrahedral clusters[J]. Joural of Chemical Physics C, 2008, 112(30): 11272–11279.

[128] Liao M S, Bonifassi P, Leszczynski J, et al. Structure, Bonding, and Linear Optical

Properties of a Series of Silver and Gold Nanorod Clusters: DFT/TDDFT Studies[J]. Journal of Chemical Physics A, 2010,114(48): 12701–12708.

[129] Shinohara Y, Yabana K, Kawashita Y, et al. Coherent phonon generation in time–dependent density functional theory[J]. Physical Review B, 2010,82(15): 852–859.

[130] Wang C, Jiang L, Wang F, et al. First–principles calculations of the electron dynamics during femtosecond laser pulse train material interactions[J]. Physical. Letters A, 2011,375(36): 3200–3204.

[131] Wang C, Jiang L, Wang F, et al. Transient localized electron dynamics simulation during femtosecond laser tunnel ionization of diamond[J]. Physical. Letters A, 2012,376(45): 3327–3331.

[132] Castro A, Marques M A L, Rubio A. Propagators for the time–dependent Kohn–Sham equations[J]. Journal of Chemical Physics, 2004, 121(8): 3425–3433.

[133] Ullrich C A, Reinhard P –G, Suraud E. Metallic clusters in strong femtosecond laser pulses[J]. Journal of Physics B: Atomic Molecular and Optical Physics, 1997,30(21): 5043–5055.

[134] Nakatsukasa T, Yabana K. Photoabsorption spectra in the continuum of molecules and atomic clusters[J]. Joural of Chemical Physics, 2001, 114(6): 2550–2561.

[135] Yabana K, Nakatsukasa T, Iwata J I, et al. Real–time, real–space implementation of the linear response time–dependent density–functional theory[J]. Physics Status Solidi(b),2006, 243(5): 1121–1138.

[136] Otobe T, Yabana K, Iwata J I. First–principles calculations for the tunnel ionization rate of atoms and molecules[J]. Physical Review A, 2004, 69(5): 053404–053414.

[137] Krause P, Schlegel H B. Strong–field ionization rates of linear polyenes simulated with time–dependent configuration interaction with an absorbing potential [J]. Joural of Chemical Physics, 2014,141(17): 174104–174110.

[138] Child M S. Analysis of a complex absorbing barrier[J]. Moleclar Physics,1991, 72(1): 89–93.

[139] Neuhasuer D, Baer M. The time–dependent Schrodinger equation: application of absorbing boundary conditions[J]. Joural of Chemical Physics, 1989, 90(8): 4351–4355.

[140] Lüdde H J, Dreizler R M. Comments on inclusive cross sections[J]. Journal of Physics B: Atomic and Molecular Physics. 1985,18(1): 107–112.

[141] Nagano R, Yabana K, Tazawa T, et al. Time–dependent mean–field description for multiple charge–transfer processes in Ar8+–Ar collisions[J]. Physical Review A, 2000, 62(6):

062721–062730.

[142] Marques M A L, Castro A, Bertsch G F, et al. Octopus: a first–principles tool for excited electron–ion dynamics[J]. Computer Physics Communications, 2003,151(1): 60–78.

[143] Castro A, Appel H, Oliveira M, et al. octopus: a tool for the application of time–dependent density functional theory[J]. Physica Status Solidi (b), 2006, 243(11): 2465–2488.

[144] Andrade X, Alberdi–Rodriguez J, Strubbe D A, et al. Time–dependent density-functional theory in massively parallel computer architectures: the OCTOPUS project[J]. Journal of Physics: Condensed Matter, 2012, 24(23): 233202–233212.

[145] Koutecký V B, Fantucci P, Koutecký J. Theoretical interpretation of the photoelectron detachment spectra of Na$_2$–5–and of the absorption spectra of Na$_3$, Na$_4$, and Na$_8$ clusters[J]. Joural of Chemical Physics.1990, 93(6): 3802–3825.

[146] Troullier N, Martins J L.Efficient pseudopotentials for plane–wave calculations[J]. Physical Review B, 1991,43(3): 1993–2006.

[147] Perdew J P, Zunger A. Self–interaction correction to density–functional approximations for many–electron systems[J]. Physical Review B, 1981, 23(10): 5048.

[148] Wang C, Duan J A, Jiang L, et al. Ultrafast electron dynamics of a Na–4 cluster under resonant femtosecond laser pulse train irradiation[J]. Laser Physics. 2015, 25(2): 026001–026005.

[149] 熊小华 . 刀口法测量高斯光束腰斑大小实验设计 [J]. 南昌航空工业学院学报 , 2000, 14(3):73–75.

[150] 姚昆 , 侯碧辉 , 张增明 , 等 . 散斑位移法测量激光高斯光束的空间分布 [J]. 强激光与粒子束 , 2000, 12(2): 141–144.

[151] 黄水平 , 郭旭东 , 张飞雁 , 等 . 拟合法测量高斯光束的束腰半径 [J]. 物理实验 , 2010, 3(30): 29–31.

[152] 吕百达 . 激光光学 [M]. 北京 : 高等教育出版社 , 2003.

[153] Murphy B F. Dynamics of noble gas cluster expansion driven by intense pulses of extreme ultraviolet light[D]. Austin The University of Texas at Austin, 2009.

[154] Mao S S, Quere F, Guizard S, et al. Dynamics of femtosecond laser interactions with dielectrics[J]. Applied Physics A, 2004, 79(7): 1695–1709.

[155] Li M, Menon S, Nibarger J P, et al.Ultrafast electron dynamics in femtosecond optical breakdown of dielectrics[J].Physical review letters, 1999, 82(11): 2394–2397.

[156] Canning J, Lancry M, Cook K, et al. Anatomy of a femtosecond laser processed silica waveguide [Invited][J]. Optical Materials Express, 2011,1(5): 998–1008.